Jamil Claude, Patricia Hagendorn

Globalisierung versus Fragmentierung - Die "Theorie der fragmentierenden Entwicklung" von Fred Scholz

GRIN Verlag

Bibliografische Information der Deutschen Nationalbibliothek:

Die Deutsche Bibliothek verzeichnet diese Publikation in der Deutschen Nationalbibliografie; detaillierte bibliografische Daten sind im Internet über http://dnb.d-nb.de/ abrufbar.

Impressum:

Druck und Bindung: Books on Demand GmbH, Norderstedt Germany
ISBN: 978-3-640-63355-5

Dieses Buch bei GRIN:

http://www.grin.com/de/e-book/91605/globalisierung-versus-fragmentierung-die-theorie-der-fragmentierenden

Albert- Ludwigs- Universität Freiburg i. Br
Institut für Kulturgeographie
HS: Verwundbarkeit, Armut und Überlebenssicherung in den Ländern des Südens

Globalisierung versus Fragmentierung

Die „Theorie der fragmentierenden Entwicklung“ von Fred Scholz

CLAUDE Jamil

HAGENDORN Patricia

GLIEDERUNG:

I. Einleitung:

Die Globalisierung ist keineswegs ein neues Phänomen des ausgehenden 20. Jahrhunderts, sondern vielmehr ein bereits 500 Jahre währender Prozess, welcher mit der Entdeckung der „Neuen Welt“ durch den Seefahrer Christoph Columbus im Jahre 1492 seinen Anfang nahm und fortan mit der Erschließung neuer, bisher unbekannter oder nicht- exploitierter Gebiete sowie einer zunehmenden Ausbreitung des Kapitals (und der kapitalistischen Marktwirtschaft) einherging: „Globalisierung, gedacht als unaufhörliche räumliche und soziale Expansion, stellt somit eine historische Konstante kapitalistischer Entwicklung dar. Sie ist aber auch eine seiner Voraussetzungen.“ (Parnreiter; Novy; Fischer 1999: 11)

Neu ist allerdings, dass dieser Globalisierungsprozess ab der zweiten Hälfte des vergangenen Jahrhunderts eine sehr hohe, ihm eigene Dynamik entwickelte, in Folge derer neue Facetten (neue Entwicklungsstadien) dieses Prozesses auftauchten. Der im Rahmen dieser Hausarbeit interessante und relevante Zeitrahmen ist mit dem Ausbruch der Schuldenkrise zu datieren und dauert bis heute an. Spätestens seit 1982 lässt sich eine neue Qualität der Dynamik des Globalisierungsprozesses konstatieren, welche der deutsche Philosoph Jürgen Habermas treffender Weise als die „neue Unübersichtlichkeit“ bezeichnete.

Grob gesagt, lassen sich vier neue Wesensmerkmale bestimmen, welche das heutige Entwicklungsstadium der Globalisierung charakterisieren, als da wären:

a) Die Neuordnung und eine zunehmende Deregulierung der Finanzwelt nach dem Ende des Bretton- Woods Systems im August 1971 und dem Treffen vom Rambouillet am 15. November 1975; was im Verlaufe der folgenden Jahrzehnte zu einer Abkopplung der monetären Sphäre führte.

b) Die „Informationsrevolution“ (Entwicklung moderner Informations- und Telekommunikationstechnologien) führte einerseits zu Veränderungen für die Organisation von Produktion und Konsumtion und andererseits zur Entstehung völlig neuer Wünsche und Bedürfnisse.

c) Durch die Gratifikationen der „Informationsrevolution“ wurden die Kosten und der zeitliche Rahmen für den Transport von Gütern und Personen drastisch gesenkt, was zu einer neuen Geographie der Produktion führte, welche einerseits unbestrittener Weise mit einer zunehmenden Vernetzung, Verflechtung und Grenzauflösung (Inklusion); andererseits aber auch mit einer sich verschärfenden Polarisierung, Peripherisierung und Marginalisierung, vor allem der Länder des Südens (Exklusion) einhergeht.

d) Einer neuen politischen Weltordnung (nach dem Ende des Ost- West Konflikts 1989) sowie einer neuen globalen Machtverteilung, ausgelöst durch die Machtkonzentration transnational agierender Konzerne (TNK), den sogenannten „Global Players“.

e) Einer neuen Qualität sozialer Ungleichheit, begleitet vom Prozess der Fragmentierung, welcher sich von der Mikro- bis zur Meta- Ebene ausdehnt.

I. 1. Definition der Globalisierung:

Unter Globalisierung versteht man die Zunahme internationaler Wirtschaftsbeziehungen und –verflechtungen und das zusammenwachsen von Märkten für Güter und Dienstleistungen über die Grenzen der einzelnen Staaten hinaus. Hierbei spielen die internationalen Kapitalströme und die Diffusion neuer Technologien eine grosse Rolle.[...] Globalisierung bedeutet also Intensivierung des Wettbewerbs durch Vergrösserung der Märkte bis hin zum Entstehen globaler Märkte. (Krings; Skript zur Wirtschaftsgeographie- Vorlesung)

Laut Ulrich Beck (1997) ist Globalisierung ein Prozess, der zu *unrevidierbar entstehender Globalität* führt. Globalität bedeutet in diesem Sinne nicht weniger, als „dass von nun an nichts, was sich auf unserem Planeten abspielt, nur ein örtlich begrenzter Vorgang ist, sondern dass alle Erfindungen, Siege, Katastrophen die ganze Welt betreffen.“

Für die OECD (Organisation for Economic Cooperation and Development) ist Globalisierung ein „Prozess, durch den die Märkte und Produktion in verschiedenen Ländern immer mehr voneinander abhängig werden – dank der Dynamik des Handels mit Gütern und Dienstleistungen und durch die Bewegung von Kapital und Technologie“. (Plate 1999:3)

Scholz sieht in der Globalisierung ein wesentlich neues Phänomen, welches er wie folgt beschreibt:

Globalisierung lässt sich als Entstehung einer globalen Welt begreifen. Sie stellt das Ergebnis ungehinderter Bewegungen von Kapital, Waren, Ressourcen, Ideen, Sehnsüchten, Träumen und Hoffnungen dar. Sie überwindet soziale, ethnische, kulturelle und nationale Grenzen. Sie initiiert und steuert wechselseitig weit voneinander entfernt ablaufende soziale, ökonomische, kulturelle und politische Prozesse. Und sie äussert sich im Exzess bislang nicht gekannten Wettbewerbs, in der Entgrenzung von Finanzströmen, Märkten und Marktsystemen, von Privatisierung und Deregulierung. Sie schlägt sich nieder in weltweit verbreiteten

Technologien, Produktions- und Informationssystemen, in supranationalen Politiken und sogar in der Ubiquität von Lebensweisen, Konsumverhalten und kulturellem Leben.
(Scholz 2002:121)

I. 2. Was ist wirklich neu an der Globalisierung?

- Die Komprimierung von Raum und Zeit mittels moderner Informations- und Kommunikationstechnologien;
- Das alltägliche Leben und Handeln über nationalstaatliche Grenzen hinweg, in dichten Netzwerken, mit hoher wechselseitiger Abhängigkeit und Verpflichtung;
- Die Zahl und Macht transnationaler Akteure; Institutionen und Verträge;
- Die zunehmende Ortslosigkeit von Kapital und Arbeit;
- Das Ausmass wirtschaftlicher Konzentration bei gleichzeitiger Weltmarktkonkurrenz;
- Das zunehmend globale ökologische Gefahrenpotential und das Entstehen eines weltumspannenden Gefahrenbewusstseins (Dittrich, Ch. 1998)

I. 3. Strukturmerkmale von Globalisierung:

- Weltweite Durchsetzung des kapitalistischen Gesellschaftsmodells;
- Expansion des Welthandels mit Gütern und Dienstleistungen bei immer stärkerer räumlicher Vernetzung und zeitlicher Verdichtung der Entwicklungen;
- Expansion des internationalen Finanzwesens und hohe Dynamik von Finanztransaktionen;
- Globale Kulturindustrien;
- Wachsende, aber ungleichmässig ablaufende Integration der globalen Güter-, Dienstleistungs-, und Kapitalmärkte;
- Entkopplung von monetärer und produktiver Wirtschaftssphäre;
- Bedeutungszunahme transnationaler Konzerne und Dienstleistungsunternehmen, die als global player immer unabhängiger von Nationalstaaten werden;
- Relative Bedeutungsabnahme der Nationalstaaten und Entwicklung hin zu „Wettbewerbsstaaten";
- Abkopplung und Marginalisierung von Staaten, Regionen, Gesellschaften und Gruppen, die sich nicht in das globale Entwicklungsmuster integrieren (können);
- Entgrenzung von Problemlagen (Arbeitslosigkeit, Armut, Umweltzerstörung, Kriminalität). (Dittrich, Ch. 1998)

I. 4. Konsequenzen der Globalisierung

a) Die ökonomische Dimension:

- Diktat des Neo- Liberalismus; Einheit von Wirtschaftsliberalismus; Staatsbankismus und parlamentarischer Demokratie;
- Öffnung nationaler Ökonomien und Annulierung territorialer Grenzen;
- Annulierung der Raum- und Zeit- Dimension;
- Technologische Vereinheitlichung;
- Deregulierung der Wirtschafts- und Finanzwelt bei gleichzeitiger Regulierung und Flexibilisierung von Arbeits- und Beschäftigungsverhältnissen;
- Entkopplung von monetärer und produktiver (realer) Wirtschaftssphäre;
- Verbilligung der Energiekosten und Revolution im Transport und Kommunikationswesen;
- Erhöhung der Mobilität und Flexibilität von Kapital- und Kapitalinnovationen.

b) Die soziale Dimension:

- Soziale Fraktionierung (Individualisierung, Pluralisierung, 20:80 Gesellschaft, Marginalisierung);
- Entgrenzung von Gesellschaften und Lebenswelten (Weltkultur; Weltgesellschaft; Mc World);
- Abbau staatlicher Sicherungssysteme (Transformation vom Wohlfahrtsstaat zum Wettbewerbsstaat);
- Soziale Gegenbewegungen (z. B.: Autonomiebewegungen, Gruppierungen von Globalisierungsgegnern [ATTAC], Erstarken rechtspopulistischer, radikalpolitischer und fundamentalistischer Tendenzen)

c) Die ökologische Dimension:

- Hohes Niveau an Naturverbrauch, Umwelt- degradation und –zerstörung;
- Globale Verwertung natürlicher (nicht- erneuerbarer) Ressourcen
- Globale Umweltprobleme (u. a. Klimawandel, Treibhauseffekt, Meeresspiegelanstieg, Ozonloch, Anstieg der Umweltkatastrophen)
- Gen- und biotechnologische Manipulation ohne Wissen um die Folgen.

I. 5. Die Ambivalenz des Globalisierungsprozesses

Oftmals wird unter Globalisierung ein weltumspannender, gleichzeitig ablaufender Prozess der Universalisierung und der Homogenisierung verstanden, in Folge dessen es zur Herausbildung eines Weltmarktes mit standardisierten Produktions- und Verteilungsverfahren sowie zu der Entstehung einer Weltgemeinschaft kommt. In diesem Sinne würde es sich bei der Globalisierung um einen uniformen und linearen Prozess handeln. Dem ist aber nicht so; es ist mittlerweile wissenschaftlich untersucht und empirisch belegt worden, dass es sich im Gegenteil bei der Globalisierung um einen höchst dynamischen Prozess handelt, der sich u. a. durch eine Ungleichzeitigkeit der Entwicklung bei gleichzeitiger Entwicklungsabhängigkeit auszeichnet und welcher zum Teil höchst widersprüchliche, heterogenisierende Prozesse auslöst. In der Folge kommt es zu einer Transformation und Umstrukturierung auf verschiedenen Ebenen (lokal, regional, national, kontinental und global) verschiedenster Bereiche (Ökonomie, Politik, Ökologie, Kultur, Soziales).

Die neu entstandenen Verteilungsmuster und Abhängigkeitsverhältnisse gründen zum grossen Teil auf dem global expandierenden System der kapitalistischen Marktwirtschaft, welches sich heute, nach dem Wegfall des Ost- West Konflikts im Jahre 1989, als global dominantes Wirtschaftssystem durchsetzen konnte. In der Folge kam es zu einer weiteren Dynamisierung des Globalisierungsprozesses, welcher aber, getreu den Grundregeln der kapitalistischen Marktwirtschaft, „per se nicht auf Konsens, sondern auf Erfolg, Konkurrenz und Verdrängung ausgerichtet“ ist. „Er findet seinen Niederschlag in dem zeitlichen und räumlichen Nebeneinander integrierender und (bruchhaft) trennender, eben fragmentierender Prozesse. Als Ausdruck dafür stehen z. B. Phänomene wie die Entgrenzung der Staatenwelt, Retribalisierung oder Ethnoprotektionismus. Entwicklungspolitisch relevant sind in diesem Zusammenhang insbesondere die sich verschärfenden sozialen und regionalen Gegensätze, lokale Standortschwache und exzessive Standortfluktuation. Dazu gehören ebenso temporäre wie permanente Arbeitslosigkeit, unentrinnbare Ausgrenzung (Exklusion), Marginalisierung, Verelendung, lokale und globale Massenarmut und Massenmigration, Flucht oder unsicherheits- oder aggressionsbedingte Verharrung.

Sie schlagen sich aber auch nieder in (extremem) individuellem oder lokalem bzw. regionalem Reichtum, in ökonomischer Partizipation, in bewusster Ausgrenzung (Inklusion) oder in Standortzugewinn und sozialem Aufstieg.“ (Menzel 1998; Scholz 2002)

Scholz betont die Gleichzeitigkeit sich entgegengesetzter Prozesse sowie ihre globale Präsenz, sowohl auf der Nord-, als auch auf der Südhalbkugel.

II. Definition Fragmentierung:

Fragmentierung ist das konkret fassbare oder virtuell begreifbare räumliche Ergebnis eines durch Globalisierung ausgelösten, weltweit realen sozio- ökonomischen Differenzierungsprozesses. Als ein die Lebensrealität der „Zweiten Moderne" in ihrer räumlichen Dimension bestimmendes „neues" Phänomen stellt sie zuerst einmal eine originäre Herausforderung für die geographische Forschung dar. Ihre Ergebnisse bilden die notwendige Grundlage zum einen für das gesellschaftliche Verständnis der differenzierten Fragmentierungsprozesse und zum anderen für die Planung und Steuerung der daraus resultierenden negativen wie positiven Effekte. (Scholz 2002:121)

Altvater und Mahnkopf betonen, dass „trotz Globalisierung und Weltmarktdynamik soziale und ökonomische Entwicklungsprozesse räumlich separiert und zeitlich asynchron, also ungleichmässig und ungleichzeitig ablaufen. Dies bedeutet freilich keineswegs, dass die Entwicklungsprozesse nicht interdependent sind, dass sie sich wechselseitig beeinflussen, ja blockieren können."

„Also muss nun von der Gleichzeitigkeit von Ordnung (Kohärenz) und Unordnung (Inkohärenz) oder von globaler Vereinheitlichung und gleichzeitiger regionaler Fragmentierung bzw. Fraktionierung die Rede sein (Altvater; Mahnkopf 1999: 125f.; 145f.)

II. 1. Peripherie und Fragmentierung:

Basierend auf dem Wallerstein'schen „Zentrum-Peripherie-Modell", ist die Entwicklung in der Peripherie immer eine vom Zentrum beeinflusste, eventuell sogar gesteuerte und abhängige. Der Begriff Peripherie bezeichnet dabei „eine räumliche und soziale Hierarchisierung, da die verschiedenen Räume und Gesellschaften niemals gleichzeitig und gleichförmig in das Weltsystem integriert wurden. Die ständig neue Produktion von in Raum und Zeit ungleicher Entwicklung ist ebenso Voraussetzung der globalen Akkumulation wie die soziale Fragmentierung von Gesellschaften." (Parnreiter; Novy; Fischer 1999: 12)

II. 2. Theorien in fragmentierter Welt

Altvater und Mahnkopf (1999) bemerken, dass bei der derzeitig vorherrschenden Globalisierungsdebatte bezüglich des kapitalistischen Marktsystems von zwei Thesen ausgegangen wird, die sich so nicht ohne Weiteres aus der Theorie in die Praxis übertragen lassen. Es handelt sich dabei einerseits darum, dass oftmals vergessen wird, dass sich eine grenzenlos entfesselte Marktwirtschaft unter den heute gegebenen Bedingungen und Auswirkungen, nicht mit den ökologischen Grenzen unseres Planeten in Einklang bringen lassen. „Die Möglichkeit der Modernisierung und Industrialisierung hängt also vom Niveau von Ressourcenverbrauch und –belastung bei begrenzter globaler Tragfähigkeit des Planeten Erde ab.“ (Altvater; Mahnkopf 1999:125) Andererseits wird dem Faktum nicht Rechnung getragen, dass eine Entwicklungsdynamik auch immer mit zyklischen und strukturellen Krisen einhergeht. „Im Verlauf von Krisen zerbricht immer wieder das einheitliche Modell: es zerfällt in Fragmente und Fraktionen.“ (ebd.) Fragmentierung und Homogenisierung stellen somit die beiden Seiten einer Medaille dar, welche durch die momentane globale Dynamik ausgelöst werden, welche Narr/ Schubert (1994) als „globale Ungleichheitsproduktion“ bezeichnen. Universalisierung und Partikularisierung „have become tied together as part of a globewide nexus.” (Robertson 1992: 102)

II. 3. Sunkels „Modell der nationalen Desintegration“

In seinem Modell der nationalen Desintegration geht Sunkel davon aus, dass jedes Land, ungeachtet seines Entwicklungsstandes, einen „gewissen Grad an Heterogenität hinsichtlich Entwicklung, Modernisierung, Fortschritt und Höhe des Einkommens“ besitzt. Folglich gibt es in allen Ländern verschiedene Sektoren, welche auf nationaler bzw. internationaler Ebene integriert oder eben nicht, beziehungsweise internationalisiert oder nicht sind.

II.4. Die „Theorie der fragmentierenden Entwicklung“ von Fred Scholz

„Im Zeitalter von Globalisierung, d. h. von Liberalisierung, Deregulierung, Privatisierung, entgrenzter Märkte und exzessivem Wettbewerb – eben dem Kredo der „Zweiten Moderne“-, [...] muss [...] von einer durch Wettbewerb bestimmten, höchst gegensätzlich verlaufenden „fragmentierenden Entwicklung“ ausgegangen werden. (Scholz, F. 2002b: 7)

Laut Scholz gründet die „Wirklichkeit der Zweiten Moderne“ auf dem Modell globaler Fragmentierung und erstreckt sich virtuell wie materiell auf allen sozialen, ökonomischen und räumlichen Ebenen. Schaltzentralen der Globalisierung sind die sogenannten Acting Global Cities, welche Scholz als „Inseln des Reichtums“ bezeichnet. Ihnen funktional hierarchisch untergeordnet sind die virtuell mit ihnen verbundenen Affected/ Exposed Global Cities.

- Legende zum Modell globaler Fragmentierung:
    1) Global Players (transnational agierende Konzerne und Institutionen)
    2) Hightech- Produktions- und Forschungs-Innovationszentren (Orte/Zonen innovativer Milieus und Netzwerke)

3) Fordistische Industriezonen für Güter höchster Qualität, die z. Z. noch produktionsüberlegen sind
4) Affected/ Exposed Global Cities („Hinterhöfe der Metropolen“)
   Bsp.: regionale, wissensbasierte Cluster; Zonen des offshore-banking; Steuerparadiese
5) Freie Produktionszonen der Auslagerungsindustrie
6) Zonen der Billiglohn- und Massenkonsumgüterproduktion
7) Zonen agrarer Rohstoffextraktion und der Erzeugung qualitativ hochwertiger Nahrungsmittel
8) Zonen des global funktionalisierten informellen Sektors und der Kinderarbeit
9) Zonen des Freizeit- und Tourismusgewerbes

Von dieser Fragmentierung besonders betroffen sind die Affected/ Exposed Global Cities, da sie noch stärker als die Acting Global Cities der latenten Gefahr des Abstiegs in die marginalisierte Restwelt ausgesetzt sind. Allerdings betrifft die Fragmentierung, genauso wie die Globalisierung, sie nicht integral, sondern nur teilweise, es handelt sich dabei um die „global integrierten Stadtfragmente“. Denn genau wie auf der Markroebene, kann das Modell globaler Fragmentierung auch auf das Mikrosystem „Stadt“ angewandt werden. Ungleichzeitige und uneinheitliche Prozesse, sowie die immer engräumigere Produktion sozialer und ökonomischer Disparitäten, lassen sich auch bei der zunehmend fragmentierenden Entwicklung der Metropolen auf allen Kontinenten der Erde beobachten. Von diesen Affected/ Exposed Cities bruchhaft gesondert, eben fragmentiert, befindet sich die „ausgegrenzte Restwelt“, auch als New Periphery oder von Scholz als „Meer der Armut“ bezeichnet. Die New Periphery ist in sich durch Ethnoregionalismen, Fundamentalismen, Retribalisierung und Kryptonationalismen bruchhaft und widersprüchlich vielfältig fragmentiert. Sie charakterisiert sich durch alle Merkmale, die mit dem Begriff der „Dritten Welt“ konnotiert werden. Dazu kommen jedoch noch Ausgrenzung und Abkopplung. Diese abgekoppelte Restwelt, vom Münchner Soziologen Ulrich Beck (1997) als „Neuer Süden“ tituliert, ist laut Scholz dreifach überflüssig („population redundant“ [Ricardo]): Als Arbeitskraft wird sie nicht benötigt, als Konsument ist sie unerheblich und als Produzent uninteressant, da ihre Erzeugnisse nicht gebraucht werden. (Scholz 2002a: 122f.)

Die „Theorie der fragmentierenden Entwicklung“ von Scholz geht nicht wie Sunkels „Modell der nationalen Desintegration“ von den Nationalstaaten als Handlungsträgern aus, sondern beruht auf dem Primat der Wirtschaft.

Unter anderen Faktoren, welche später noch genauer erläutert werden sollen, führt Scholz folgende Belege für seine Theorie ins Feld:

- Seit 1997 verzeichneten 41 der armen Länder überhaupt kein Wachstum mehr. (Global Development Finance 2000)
- Die Entwicklungshilfe der OECD- Länder, auf 0, 7 % des BSP festgelegt, wird von den meisten Ländern nicht konsequent verfolgt, die tatsächlichen Raten haben sich in einem Bereich zwischen 0, 2 und 0, 3 % eingependelt.
- Die staatlichen Mittel für karitative Zwecke stagnieren oder sind rückläufig. Zwischen 1994 und 1999 wurden sie in Deutschland um 30, 8 % reduziert.
- 1, 5 mia. Menschen, die unterhalb der absoluten Armutsgrenze leben und 3, 5 mia. Menschen (= 58 % der Weltbevölkerung), denen 1999 statistisch gesehen 2 US$ pro Tag zur Verfügung standen. (WDI 1999)

III. Die Global City als„ Neuer Typus von Zentralraum“

Laut der amerikanischen Wirtschaftsgeographin Saskia Sassen (1991 u. 1995) bringt Globalisierung seit den letzten zwanzig bis dreißig Jahren eine neue *„Ballungslogik“* und eine neue Dynamik des Raumes im Spannungsfeld zwischen Streuung und Zentralisation hervor. Sassen führt dies auf den gesteigerten Bedarf der Weltwirtschaft an Kontroll- und Steuerungsfunktionen zurück, welcher die Einbindung von Global Cities in eine gemeinsame Struktur unumgänglich macht.

„The global economy is not a planetary event, globalization is not an oil slick that just spreads. There is a specific geography; the global materializes in places.” (Sassen, S. 1991)

“Über natürliche Standortfaktoren hinaus gewinnt die *produzierbare* Faktorausstattung wie technologische Infrastruktur, Humankapital, niedrige Arbeitskosten und Steuern, wirtschaftsfreundliche Gesetze usw. an Bedeutung. Wettbewerbsfähigkeit wird konkret vor Ort hergestellt, unter Einbeziehung aller lokaler Ressourcen und in Unterwerfung der lokalen Gegebenheiten unter die Zwänge des Weltmarktes. [...] Die eigentliche Kraft der Globalisierung besteht daher in der *Glokalisierung*.“ (Parnreiter/ Novy/ Fischer 1999: 22)

Sassen zufolge entsteht ein *„neuer Typus von Zentralraum“*, der von den Leitungsfunktionen und Arbeitsweisen globaler Kontroll- und Managementorgane bestimmt wird. Folgt man ihrer These weiter, so besteht ein direkter Zusammenhang zwischen dem Wachstum der Weltwirtschaft und der Ansammlung zentraler Funktionen innerhalb der Global Cities.

Die weltweiten Vernetzungen führen laut Sassen (1995) zu einer veränderten *„Geographie von strategischen Orten auf globaler Stufenleiter“* und einer veränderten Hierarchie innerhalb des weltweiten Städtesystems, da sich die „ *Headquarter Economy* “, wie wir sie heute erleben, nicht durch politisch- administrative Grenzen einzwängen lässt.

Die Bedeutung einer Global City ist durch drei Komponenten geprägt:

- Durch ihre Bedeutung für die „globale Kontrolle“, worunter die Konzentration von Kommandozentralen zur Organisation der Weltökonomie zu verstehen ist. (Bsp.: Börsen; Firmensitze von „global players“
- Durch ihre Bedeutung als „Schlüsselstandort“ und „Marktplatz“ der führenden Weltwirtschaftsbereiche (besonders Finanzwirtschaft, Produktionsdienste und spezielle Dienstleistungen)
- Durch ihren Stellenwert und Rang bei der Produktion dieser Dienstleistungen.

(Sassen 1995: 45)

Global Cities zeichnen sich allerdings nicht nur durch ihre Funktion als Schaltzentralen und Koordinationsstellen der internationalen Wirtschafts- und Finanzströme aus, sondern müssen auch als avantgardistische Städte gelten, welche die zukünftige Entwicklung bereits vorzeichnen und im Wesentlichen mitgestalten. Diese avancierten Orte, welche für die Produktion von spezialisierten Dienstleistungen sowie Produkten des Finanzsektors zuständig sind, sind allerdings zur Herstellung eben dieser Produkte auf ein ganzes Bataillon von Management- und Planungsinstrumenten angewiesen, welche ihnen durch die in Global Cities ortsansässigen, hochwertigen Dienstleistungsunternehmen verschiedenster Sektoren zur Verfügung gestellt werden. Bei diesen hochwertigen Dienstleistungen handelt es sich zum Beispiel um internationale Rechts-, Steuer- und Wirtschaftsberatungsfirmen, spezialisierte Institutionen aus Forschung, Technik und Entwicklung, Consulting-Büros, die Versicherungs- und Werbeindustrie, Softwarebranche, hochmoderne Kommunikationstechnologien u.v.a. mehr. Resultat dieser Entwicklung ist, dass die globalen Informations-, Finanz- und Produktströme einerseits in zeit- und raumlosen elektronischen Markt- und Austauschplätzen stattfinden, andererseits aber wiederum ganz konkret an lokale (und regionale) Orte gebunden sind, also auf zwei übereinander liegenden Ebenen gleichzeitig ablaufen.
Die Basis hierzu wird sowohl in einer technologischen Infrastruktur, als auch in einem breiten Spektrum von spezialisierten Dienstleistungen gesehen, die von komplexen Organisationen für das Management eines räumlich dispersen Netzwerkes von Fabriken, Büros und Außendiensten benötigt wird, aber auch in einem breiten Spektrum von Funktionen im Top-Management und in Kontrollfunktionen (vgl. Sassen 1991:325). Die räumliche Konzentration einer zunehmend dezentralisierten und flexibilisierten globalen Ökonomie in städtischen Zentren löse dabei wichtige Probleme des Konzernmanagements: das Problem der *Repräsentation* (wie über das Weltsystem gesprochen und gedacht wird), der sozialen *Interaktion* (Informationen sammeln, Abmachungen treffen, Koalitionen bilden, Vertrauensverhältnisse zementieren) und *Innovation* (neue Produkte entwickeln und vermarkten, mit neuen Finanzinstrumenten experimentieren, Zugang zu Repräsentation und interaktiven Netzwerken gewinnen) (vgl. Amin, Ash; Thrift, Nigel 1992, In: Friedmann, J. 1995:23).

III. 1. Stadt- Räume und städtebauliche Charakteristika

Die Globalisierung ist ein ambivalenter Prozess, welcher zugleich räumliche Streuung und Konzentration von wirtschaftlichen und kulturellen Aktivitäten zur Folge hat, die sich auch innerhalb des städtischen Gefüges einer Global City, als räumlicher Knotenpunkt der „ *spaces of flows* " widerspiegelt (vgl. Castells, Manuel 1997: 378ff. u. 410ff).

Die Repräsentation städtischer Räume innerhalb der Global Cities, welche zunehmend von den Einflussfaktoren der Weltökonomie und von globalen kulturellen Transformationen beeinflusst werden, unterliegt permanenten endogenen und exogenen Faktoren und Einflüssen. Die bauliche Substanz einer Stadt ist durch diese Restrukturierungsprozesse ebenso betroffen, wie ihre soziale Struktur. Global Cities mit ihrer besonderen Funktion und Stellung innerhalb der Globalisierung, in welche sie durch ein weltumspannendes, verflochtenes städtisches Netz eingebunden sind, und in welchem sie als Regulatoren und Steuerungszentralen der globalen Kapitalströme und Märkte auftreten, zeichnen sich auf ökonomisch- technologischer Ebene durch ihren Um- und Ausbau zu hochspezialisierten und hochtechnologisierten Dienstleistungszentralen aus.
Die materielle und symbolische Bedeutung, welche einer Global City hierbei zukommt, spiegelt sich auch in der Infrastruktur und Architektur wieder. Diese repräsentativen Aufgaben werden ästhetisch-kulturell von Büro- und Stadtlandschaften mitgeprägt, die mit ihrer postmodernen *headquarter-* Architektur der Geschäftsviertel die Ablösung der Industrie- durch die Dienstleistungs- und Informationsgesellschaft visualisiert. Es findet eine der Außendarstellung und städtischen Repräsentationszwecken dienende Ästhetisierung der Innerstädte statt, welche mit einer Kulturalisierung der Stadtpolitik durch den Einsatz von Kultur als „weichem" Standort- und Imagefaktor im globalisierten Konkurrenzkampf der Städte um die Ansiedlung zukunftsweisender, boomender Wachstumsbranchen und der zunehmenden Internationalisierung der Arbeitskräfte (Stichwort „*Brain-Drain*") einhergeht.
Weitere typische städtebauliche Merkmale der Global City sind die innerstädtische Hochhausbebauung mit ihren statusträchtigen Prestigeobjekten des Central Business District (CBD) mit seinen Firmensitzen, Filialen und Zweigstellen weltweit operierender Unternehmen, ausgedehnte Shopping Malls und Centers im Stadtzentrum sowie hochmodernen Flughafen- und Bahnhofszentren weiter zum Stadtrand hin. Meist in der städtischen Peripherie befinden sich die so genannten Urban Entertainment Districts (UED), welche als isolierte, quasi- autonome Stadtteile angesiedelt sind. Es handelt sich hierbei um moderne Freizeitparks mit Multiplexkinos, die den Besucher in eine Fantasie- und Vergnügungswelt eintauchen lassen sollen.
Arbeitsintensive Tätigkeiten, wie z.B. Verwaltung, Dienstleistungsservices und Handel sind im innerstädtischen Bereich konzentriert, während kapitalintensive Produktionen zum Stadtrand tendieren. Scott (1998) bezeichnet diesen Prozess als Dezentralisierung der Industrie und Zentralisierung des Managements.

Hieraus bilden sich neue innerstädtische Raumstrukturen, es kommt zu einer Auslagerung standardisierter Produktionsfunktionen in den suburbanen Raum. Die städtische Peripherie oder speziell zu diesem Zwecke entwickelte regionale „*High- Tech-Clusters*", in welchen eine Konzentration von Wissen, Arbeitskräften, hochtechnologisierten und automatisierten Produktionsverfahren, Zuliefererdiensten, Hightech- Dienstleistungs- und Forschungszentren, sowie Integration von Forschung, Entwicklung und Produktion, stattfindet.
Die Wahrnehmungsverschiebungen und infrastrukturellen Veränderungen im innerstädtischen Bereich bringen allerdings auch Probleme mit sich, die Berner und Korff (1995) als das *metropolitane Dilemma* bezeichnet haben.
Gemeint ist die beängstigend zunehmende Polarisierung der Innenstädte, gekoppelt an den Prozess der Gentrification. Dies führt zu massivem Migrationszuwachs nach außen, einer Segmentierung des Arbeits- und Wohnmarktes, verbunden mit einem Zuwachs der Beschäftigtenzahlen im informellen Sektor; letzten Endes zu ethnischer und sozialer Segregation, Suburbanisierung sowie zur Entstehung von Slums und Ghettos.
Die großräumige Entstehung von Slums, welche sich durch menschenverachtende Lebensbedingungen, katastrophale sanitäre Bedingungen, bittere Armut und Hunger, Subsistenznot, Analphabetismus, Kinderreichtum, Epidemien, eine hohe Kriminalitätsrate, Disparitäten, Heterogenität, Ausgrenzung, Marginalisation, Exklusion und Abkoppelung kennzeichnen, sind weitere, leider negative raum- und soziostrukturelle Charakteristika der meisten Global Cities. Diese Slums entstehen oft in unmittelbarer Nähe zum innerstädtischen Bereich oder am Stadtrand, so dass bitterste Armut und exzessiver Kapitalismus unmittelbar aneinander grenzen und ein nicht zu unterschätzendes, latentes Konfliktpotenzial bergen.
Bsp.: Distrikt Klong Thoey in Bangkok: In diesem Distrikt befinden sich die größten Slums Bangkoks und zur Zeit die meisten Bautätigkeiten (20% aller Bauvorhaben), 40 der 143 geplanten Neubauten sollen mehr als zwanzig Stockwerke haben (Berner und Korff 1995).
Los Angeles / WATTS: Der größte Ghetto von Los Angeles liegt mitten im Stadtzentrum auf potenziell sehr teurem Land, die Konsequenz ist ein Verfall der innerstädtischen Bausubstanz.

III. 2. Veränderungen in der sozialen Struktur

Globalisierung ist verbunden mit einem weltumspannenden Netzwerk, welches durch die neuen Kommunikations-, Transport-, und Logistikmöglichkeiten ein Handeln jenseits von Zeit und Raum ermöglicht. Es existiert sowohl eine Interdependenz und Verknüpfung sozialer, ökonomischer, politischer und ökologischer Probleme, als auch eine Annulierung der Distanz und ein rapider Kommunikationsaustausch. Konsequenterweise, durch die weltweite

Verknüpfung, werden lokale, regionale und nationale Lebensformen und Kulturen zu Globalen. Die Global City wird so zu einem An- und Versammlungsort von Diversität, Multiethnizität, verschiedensten Kulturen und Subkulturen.
Sozio–strukturell ist die Entstehung und Aufgliederung sowie Ausdifferenzierung neuer sozialer Milieus verschiedenster Lebensqualitäten – und Standards zu beobachten. Innerhalb der Global Cities entsteht eine neue, aufgeklärte Mittelschicht und, bedingt durch die Konzentration von wissens- und informationsintensiven Sektoren, auch eine Ausweitung der höheren Einkommensschichten. Global Cities zeichnen sich durch die Entstehung eines Arbeitsmarktes für hochqualifizierte Arbeitnehmer (Manager, Direktoren, Abteilungsleiter, Headhunter) aus, welche die globalen Kontroll-, Koordinations-, und Steuerungsfunktionen übernehmen. In der Regel handelt es sich hierbei um junge, ehrgeizige, aufstrebende, global denkende und gut verdienende Führungseliten mit großen Karriereambitionen. Zumeist leben sie abgekoppelt vom Rest der städtischen Gesellschaft und der Stadtpolitik in architektonisch avantgardistischen und postmodernen, luxuriösen urbanen Villenvierteln.
Global Cities stellen also sowohl ökonomische Zentren der neuen Arbeitsteilung, als auch Schauplätze für die neuen kosmopolitischen Milieus der Dienstleistungsökonomie dar. Dies impliziert weitere Veränderungen in der sozialen und räumlichen Struktur von Global Cities, da mit zunehmender Anzahl hochbesoldeter Führungskader auch die Nachfrage nach Kultur- und Konsumgütern, Freizeitangeboten, anspruchsvollen Wohnungen und Haushaltshilfen jeglicher Art steigt. Handelt es sich hierbei lediglich um eine geringe Anzahl von privilegierten Bürgern innerhalb der Stadtbevölkerung, so ist diese spezifische soziale Schicht allerdings auf ökonomischer, innovativer und soziokultureller Ebene von entscheidender Bedeutung, da sie durch ihre Konsum-, Arbeits- und Lebensgewohnheiten das Image und Stadtbild einer Global City wesentlich mitbestimmt.
Parallel zu diesen Phänomenen breitet sich allerdings auch der informelle Sektor zunehmend aus. *„Der informelle Sektor ist kein Charakteristikum der Dritten Welt, sondern gehört konstitutiv zur verstädterten Gesellschaft“.* (Sassen 1993)
Es handelt sich hierbei überwiegend um schlecht entlohnte Tätigkeiten niederer Qualifikation, beispielsweise in Form von Putzkolonnen, Kraftfahrern und Handwerkern, welche allerdings als Treibkraft der Global Cities und des Globalisierungsprozesses unerlässlich und unabdingbar sind. Häufig werden diese Aufgaben von Immigranten und Frauen durchgeführt.
Globale Stadträume stellen somit den Austragungsort vielschichtiger sozialer Konflikte, sowie dem harten Kampf in der Arbeitswelt zur ökonomisch- politischen und sozialen Vormachtstellung dar, sind zugleich aber auch Experimentierfeld für die Produkte des

globalen Marktes und nicht zuletzt für die globale, postmoderne, multikulturelle und polyethnische Spaßgesellschaft. Die zunehmende Modernisierung und Flexibilisierung sich ausbreitender sozialer Gesellschaftsstrukturen steht hierbei im Zentrum des Forschungsinteresses.

„Der mit Globalisierung verbundene Prozess der sozialräumlichen Fragmentierung führt dazu, dass hohe und niedrige soziale Standards weltweit zunehmend engräumiger verteilt und reproduziert werden. Auch in den Metropolen stossen, um es zugespitzt auszudrücken, Erste und Dritte Welt aufeinander. (Parnreiter/ Novy/ Fischer 1999: 29) Da steinreich und bettelarm hier unmittelbar aneinander grenzen, ohne dass es jedoch zu einer Durchmischung, einem Austausch der sozialen Schichten oder der Möglichkeit eines Aufstieg für die Unterprivilegierten kommt, wird in diesem Zusammenhang immer öfters von sogenannten "Dual Cities" gesprochen.

III. 3. Global integrierte Stadtfragmente

In seiner „Theorie der Produktion des Raums " betont Lefèbvre (1974) den globalen Bezug der Produktion eines *sozialen Raumes* sowie die mit dieser neuen Globalität hervorgerufenen Auswirkungen auf das gesamte Alltagsleben eines Jeden. Der städtische Raum charakterisiert sich fortan nicht mehr durch die Homogenität des Raumes und eine konzentrische Raumordnung industrieller Rationalität, sondern vielmehr durch eine differenzielle Topologie, die Konzentration und Streuung herausfordert. (vgl. Lefèbvre 1972:43f.)

Es kommt zu einer Formierung zersplitterter und fragmentierter räumlicher Gebilde, zur Entstehung eines hochdifferenzierten Geflechts spezialisierter Standorte, welche auf räumlicher, ökonomischer, sozialer und kultureller Differenzierung basieren. Verbunden hiermit sind stadtgeographische Strategien, welche auf Vereinheitlichung oder Aufsplitterung setzen.

Bonder, Röttgen und Ziebura postulieren 1993, dass die mit der Globalisierung einhergehende Fragmentierung der Städte, die *„Gestalt sich verschärfender sozialer und regionaler Disparitäten*" annimmt und sich in lokaler Standortschwäche und exzessiver Standortfluktuation, Arbeitslosigkeit, Marginalisierung, Exklusion, Verelendung und Massendesintegration niederschlägt.

Innerhalb einer Global City sind es meist nur global integrierte Stadtfragmente, welche in die globalen Schalt- und Steuerungsflüsse eingebunden sind, nicht aber die Stadt als solche, im Sinne eines homogenen Gebildes. Innerhalb dieser einzelnen Stadtfragmente existieren Pseudo- Kommandozentralen mit Bürokomplexen, sowie einer starken Infrastruktur- und

Informationsvernetzung, als zentrale Schaltstellen der „*global integrierten Stadtfragmente*". Es sind diese Pseudo-Kommandozentralen, welche die Produktionsaufträge an formale, lokale Unternehmen oder Joint-Venture- Kooperationen vergeben. Diese Unternehmen wiederum geben Teile ihrer Produktion aus Zeit- und Kostengründen an informelle, lokale Kleinstunternehmen und Heimarbeiter weiter, welche das letzte Glied des „*global sourcing*" bilden (Hein 1995). Es haben sich hier Produktionszonen in Form hochmoderner Werkshallen oder monotoner mehrgeschossiger Fabrikhallen sowie großflächige Komplexe hüttenähnlicher Werkstätten und die Hütten der Heimarbeiter angesiedelt.

An diese zentralen Schaltstellen schließen sich meist räumlich direkt die parkartigen Villenviertel der Akteure, ausländischer Repräsentanten und lokaler Agenten an. (vgl. Korff 1996) Diese luxuriösen Villenviertel erscheinen fast als Oase innerhalb der ausgedehnten Hüttenquartiere, Not- und Massenunterkünfte und Wohnsilos der einfachen Arbeiter, welche infrastrukturell unzureichend ausgestattet und hoffnungslos überbevölkert sind. Die hier lebenden Arbeiter sind in den globalen Arbeitsmarkt nur auf einer sehr niedrigen Ebene integriert und für den Arbeitgeber beliebig austauschbar, sie befinden sich also auf ökonomisch unsicherer Position und ohne jegliche existenzielle Absicherung. Gleiches muss allerdings auch für diese funktional- räumlichen Fragmente gelten, da sie exzessiver Konkurrenz und fortwährender Verdrängung ausgesetzt sind.

IV. Die Verselbstständigung der Finanzmärkte

„Das Geld ist eine Waffe, die den Gegner verwirrt.“ (Pereira 1998)

1971, als die Nixon Regierung die Goldfundierung des USD aufgeben musste, kam es zum Ende des Bretton- Woods- Sytems, welches auf dem System der fixen Wechselkurse beruhte. Fortan kam es zu einer bis heute zu beobachtenden Liberalisierung und Deregulierung der Finanzwelt. „Der Finanzmarkt beginnt, die Wirtschaft im allgemeinen und die Unternehmen im besonderen zu bevormunden. Er zwingt letztere, Verhaltensweisen und Strategien anzunehmen, die sich aus einem strikt wirtschaftlichen und industriellen Blickwinkel heraus von der Rationalität, die sie beanspruchen, weit entfernen. (…) es kommt zu einer neuartigen Hegemonie des Geldkapitals“ (Bischoff 1997: 39 [zitiert nach Küblböck, K. In: Parnreiter/ Novy/ Fischer 1999: 260].

Das Wachstum des monetären Weltmarktes und die geringe Umschlagszeit auf den Finanzmärkten gelten als entscheidende Charakterzüge der Weltwirtschaft der letzten 20 Jahre. Das boomende und jede Grenze überschreitende Geschäft mit Devisen, Aktien, Anleihen, Schuldverschreibungen usw. ist zum Inbegriff der Globalisierung geworden. (Parnreiter; Novy; Fischer 1999: 15)

Breuer, der Vorstandsvorsitzende der deutschen Bank, postuliert, dass es vor allem die Finanzmärkte sein werden, welche neben Legislative, Exekutive, Justiz und Medien zur „fünften Gewalt“ aufsteigen und den Regierungen zunehmend die „richtige“ Wirtschaftspolitik diktieren werden. In der Tat sind heute bereits 50 der 100 grössten ökonomischen Akteuren Transnationale Konzerne. Der Jahresumsatz von General Motors liegt über dem BIP von Dänemark, der von Ford über dem von Südafrika, Toyota, Exxon und Shell haben einen grösseren Umsatz als Norwegen, Polen und Portugal zusammen, IBM rangiert vor Malaysia und Nestlés Wirtschaftskraft überragt die von Ägypten. (Wahl 1997)

IV. 1. Informationsrevolution und Digital Divide

In der weltweiten Verbreitung und dem Ausbau der Informationstechnologie und deren gesteigerter Leistungsfähigkeit sehen Akteure wie die Weltbank oder die OECD eine große Chance für Entwicklungsländer.

Der durch den E-Commerce ermöglichte transnationale Austausch von Kenntnissen, Angebot und Nachfrage räume selbst Kleinbetrieben in Entwicklungsländern eine Steigerung ihrer wirtschaftlichen Chancen ein. Doch wird dabei ein wichtiges Faktum übersehen:

Der sogenannte “digital divide” meint die Technologielücke, die zwischen Entwicklungs- und Industrieländern in den Bereichen Elektrizität, Telefon, Computer und internet service provider besteht.

Von allen verfügbaren Informationen des Internets stammen lediglich 0,4% aus Afrika, wobei die Republik Südafrika mit 0,38% den Löwenanteil stellt. Diese globale Ungleichheit ist "letztlich (...) Ausdruck unterschiedlichster Teilhabechancen und tatsächlicher individueller Teilhabe und damit einer fragmentierenden Entwicklung." (Scholz, 2002: 10)

IV. 2. Die neue Geographie der Produktion

Nach der Krise des Fordismus Ende der 1960er Jahre verfolgten die Unternehmen drei Strategien zur Restabilisierung der Wirtschaft und ihrer Nationalökonomien:

- Maximierung der Profitraten durch die Intensivierung der Rationalisierungsbemühungen und Erhöhung der Profitraten durch Lohnkostensenkungen
- Aufteilung und Auslagerung der Produktion, ermöglicht durch die neuen Innovationen im Transport- , Informations- und Telekommunikationsbereich, in Folge derer von einer „Neuen Internationalen Arbeitsteilung" gesprochen wird.
- Wirtschaftszusammenschlüsse (NAFTA/ MERCOSUR/ EU...)

Bedingt durch die zunehmende Internationalisierung der Finanz- und Wirtschaftsmärkte, der Senkung der Transportkosten durch technologische Innovationen sowie der Informationsrevolution, kommt es im Zuge der Globalisierung zu einer Auslagerung standardisierter Produktionsfunktionen in die weltwirtschaftliche Peripherie. Hier lassen sich, begünstigt durch die verhältnismässig laschen Vorschriften und Regulierungen im Arbeitsmarkt- und Umweltschutzbereich, welche zumeist unter dem Standard westlicher Industrie- und Dienstleistungsgesellschaften liegen, Steuer- und Lohnkostenvorteile erzielen. Des weiteren kommt es zu einer Produktionsverlagerung technologisch spezialisierter Branchen und deren Ansiedlung in sogenannten freien Produktionszonen (FPZ), meist in Drittwelt- und Schwellenländern. Die Errichtung solcher FPZ's führt zu einem Import moderner Technologie (Automatisierung und Robotisierung) und moderner Organisationsmethoden der Produktion (z. B. im Management- Bereich; Arbeitsteilung). Die Schaffung wissensbasierter regionaler High- Tech Cluster (z. B. Bangalore) verbindet die Integration von Forschung und Entwicklung, Produktion und Zulieferdiensten. Es entstehen so Hightech- Dienstleistungs- und Forschungs- aber auch Produktionszentren. Andererseits entstehen aber auch, zumeist in sogenannten „Billiglohnländern" und wissenschaftlich am besten am Beispiel der Textilindustrie belegt, Massenproduktionszonen im informellen Sektor, in denen die Mitarbeiter, zumeist in ungeschützten Arbeitsverhältnissen und daher einem hohen Grad an Verwundbarkeit ausgesetzt, unter widrigsten Bedingungen, von morgens früh bis abends spät für einen Hungerlohn schuften müssen.

Global kommt es so zu einer Formierung zersplitterter und fragmentierter räumlicher Gebilde und zur Entstehung eines hochdifferenzierten Geflechts von spezialisierten Standorten, die auf räumlicher und kultureller Differenzierung basieren. Die Nationalstaaten verfolgen Strategien, die entweder auf Vereinheitlichung oder aber auf Zersplitterung setzen können.

IV. 3. Die Fragmentierung des Nationalstaates

Infolge der Globalisierung sahen sich die Nationalstaaten neuen Herausforderungen gegenüber. Für die globale Wirtschaft erschien der Nationalstaat nun „als eine negative Schranke, die die „vier Freiheiten“ (des Handels, des Kapitalverkehrs, der Dienstleistungen und der Migration) behindert.“ (Altvater; Mahnkopf 1999: 133)

Wollten die Nationalstaaten ihre Ökonomien auf einem hohen Niveau halten und ihren Bürgern weiterhin die Gratifikationen eines Wohlfahrtsstaates zukommen lassen, so sahen sie sich jedoch gezwungen, die Wirtschaft weiterhin an nationales oder regionales Territorium zu binden.

In Europa erreichte man dies zum Beispiel durch eine Kompetenzabgabe der Nationalstaaten an die supranationalen Institutionen der EU, welche einen erheblichen Machtzugewinn zu verzeichnen haben. Es kam zum europäischen Binnenmarkt, dem Schengen- Abkommen sowie der europäischen Währungsunion und dem Euro. Auf nationalstaatlicher Ebene erfolgte eine Inwertsetzung des Raumes und kam es zu tiefgreifenden Konzessionen der Nationalstaaten gegenüber einer scheinbar alles beherrschenden Wirtschaft. Um möglichst viele und hochrangige Unternehmen auf ihrem Territorium attrahieren zu können, mutierten die Nationalstaaten zu Wettbewerbsstaaten.

„Nationalstaaten konkurrieren [...] darum, einen Teil des weltweit produzierten Mehrwerts auf ihr Territorium zu ziehen. Der Antagonismus zwischen ihnen ist nicht Ausdruck der Ausbeutung der ‚peripheren' durch die ‚zentralen' Staaten [...] sondern druckt die (ausserst ungleiche) Konkurrenz zwischen ihnen um die Anziehung (oder die Bewahrung) eines Teils des globalen Mehrwerts auf ihr Territorium aus.“ (Holloway 1993: 23; In: Altvater; Mahnkopf 1999: 148)

Aber paradoxerweise hat der Prozess der ökonomischen Inwertsetzung zur Folge, dass der Nationalstaat einen Teil der politischen Kontrolle über das Territorium an globale ökonomische Mächte verliert. Im Zuge der umfassenden Internationalisierung und Globalisierung der Wirtschaft ist dem Nationalstaat die monopolistische Herrschaft über den territorialen Raum abhanden geraten, auf den sich traditionellerweise die Staatseigenschaft der Souveränität und ihre Fähigkeit zur Ein- und Ausgrenzung beziehen. (Altvater; Mahnkopf 1999: 133; 128)

Mächtige global players können sich im Zeitalter der Globalisierung einer Regulierung ebenso entziehen wie öffentlicher und demokratischer Kontrolle.

„Grenzüberschreitende Prozesse – von der Produktion, dem Warenverkehr, der beschleunigten Zirkulation von Kapital bis hin zu Migrationsbewegungen – unterlaufen zunehmend die territoriale wie die politisch-administrative Zuständigkeit nationalstaatlicher Institutionen.“ (Brand/ Görg 1998: 91ff.; Sassen 1996 [zitiert nach Fischer, K. In: Parnreiter/ Novy/ Fischer 1999: 113])

Die *Exterritorialisierung* der Ökonomie haben den Staat und die politischen Apparate nicht unverändert gelassen. Globale Institutionen zur Regulierung von Ökonomie, Umwelt und Politik haben sich ebneso ausgebreitet wie regionale Staatenbünde und Institutionen auf einer supranationalen Ebene. Diese Entwicklungen verringern die nationalstaatlichen Handlungsspielräume bzw. transformieren sie in ein komplexes Beziehungsgeflecht von nationalen, zwischenstaatlichen und Mehrebenen- Regimen, die auf widersprüchlichen und rivalisierenden Machtkonstellationen basieren. In einigen Bereichen werden staatliche Regulierungen bewusst zurückgenommen, in anderen werden Kompetenzen auf höhere – intergouvernementale, supranationale oder globale – Ebenen verlagert. (Fischer, K. In: Parnreiter/ Novy/ Fischer 1999: 124)

So sehen sich die Nationalstaaten im Zeitalter der Globalisierung mit dem Problem der *doppelten Fragmentierung* konfrontiert. Doppelte Fragmentierung bedeutet in diesem Sinne, dass die Nationalstaaten sowohl zu einer Kompetenzabgabe und einem Souveränitätsverlust nach unten (TNKs, global players, Gewerkschaften...), als auch nach oben (supranationale Regierungsformen wie die EU oder die UN, Bretton- Woods Institutionen, NGOs, ...) gezwungen sind.

IV.4. Die neue Qualität sozialer Fragmentierung

Ein zentrales Wesensmerkmal der Globalisierung ist, dass ihre Dynamiken tief in das Leben nahezu aller Menschen auf dieser Welt eindringen. [...] Eine der augenfälligsten sozialen Folgen dieser Entwicklung ist der markante Anstieg an internationalen Migrationen wie an Binnenwanderungen. Eine andere Konsequenz ist die zunehmende Polarisierung, und zwar sowohl zwischen Ländern, Regionen und Städten als auch innerhalb dieser. (Parnreiter/ Novy/ Fischer 1999: 27)

Die Wandlung der Staaten zu Wettbewerbsstaaten führt nicht nur zu Transformationen im politischen und wirtschaftlichen Sektor, sondern, da direkt oder indirekt von diesen Schlüsselbereichen staatlicher Politik abhängig, zu Veränderungen in den Sozialsystemen.

„Die „Erfolgsbedingungen“ neoliberaler Politik – eine ausgeglichene Zahlungsbilanz, eine antiinflationäre Politik und eine Orientierung auf Geldwertstabilität – liegen folglich im Abbau staatlicher Sozialpolitik.“ (de Oliveira 1998: 92 [zitiert nach Fischer, K. In: Parnreiter/ Novy/ Fischer 1999: 123]) Die sozialen Konsequenzen einer solchen, neo-liberalen Politik geraten zusehends ins Zentrum der Kritik und werden auch immer weniger geleugnet. „Globalisierung und weltweite Ungleichheit hängen zusammen“ konstatiert denn auch die Financial Times (dt. Ausgabe vom 25. 2. 2000). Es handelt sich dabei um „eine steigende Polarisierung bei Einkommen und Lebenschancen, ein dauerhafter Ausschluss immer grösserer Bevölkerungsgruppen, eine spürbare Entsolidarisierung innerhalb der Gesellschaften.“ (Fischer, K.; In: Parnreiter/ Novy/ Fischer 1999: 123)

Die Entwicklung des Gini- Koeffizienten, einem Indikator für soziale Polarisierung, zeigt, dass sich die Schere zwischen Nord und Süd immer weiter öffnet. (Weltbank- Studien; u.a. Milanovic 1999)

Der Human Development Report 2000 der UNDP bestätigt diesen Befund: während der Abstand zwischen Nord und Süd 1960 bei 1: 30 lag, betrug er 1990 1: 60; er hat sich also innerhalb von nur drei Dekaden verdoppelt. Von 1990 bis 1997, beschleunigte sich dieser disparitäre Trend weiter auf ein Verhältnis von

1: 74.

„Globalisierung ist daher mehr als nur das Hinausschmeissen nationaler Kapitale über die nationalen Grenzen, mehr als die blosse Existenz des Weltmarkts, sie ist Gesellschafts-*gestaltung* durch Gesellschafts*spaltung*.“ (Altvater/ Mahnkopf 1999: 58)

Zwischen 1960 und 1991 wuchs der Anteil des reichsten Fünftel der Menschheit am internationalen Einkommen von 70 auf 85 %, während gleichzeitig der Anteil des ärmsten Fünftels von 2, 3 % auf 1, 4 % sank.“ (UNDP 1996: 13) Die reichsten 200 Personen der Welt konnten demgegenüber ihr Nettovermögen zwischen 1994 und 1998 auf mehr als eine Billion Dollar verdoppeln, und das der drei reichsten Milliardäre übersteigt das zusammengerechnete BSP der Gruppe der ärmsten Länder, in denen 600 mio. Menschen leben. (Wahl 1997)

Dieser soziale Dualismus zugunsten weniger Privilegierter verweist auf die Gleichzeitigkeit von Inklusion und Exklusion, d. h. von Integration in die globalisierte Ökonomie bzw. auf die Ausgeschlossenheit von ihrer Dynamik und damit auch von ihren Begünstigungen. Bei dieser speziellen und hochbrisanten Problematik handelt es sich um ein globales Phänomen, welches sowohl innerhalb der armen Länder des Südens, als auch innerhalb der reichen OECD-Länder zu beobachten ist. „Die spaltende Dynamik von Exklusion und Inklusion findet in allen Gesellschaften der „Weltgesellschaft“ statt und wird durch die Globalisierungstendenzen befördert.“ (Altvater; Mahnkopf 1999: 145)

Besonders dramatisch wirkt sich dabei die Tatsache aus, dass „Strategien zur Krisenbewältigung (...) zunehmend nicht mehr auf Aushandlung, sondern auf *Ausschluss*" setzen. (Fischer, K. In: Parnreiter/ Novy/ Fischer 1999: 124)

IV.5. Die Informalisierung der Arbeit

Sowohl in den Zentren wie auch in den Peripherien wächst die informelle Ökonomie, also ungeregelte, ungesicherte und unterbezahlte Kapital-Arbeit-Beziehungen. Stammbelegschaften werden auf ein Minimum reduziert, um sie herum wird ein Kranz instabiler, irregulärer, diskontinuierlicher, flexibler und billiger Beschäftigungsverhältnisse aufgebaut. (Parnreiter/ Novy/ Fischer 1999: 29)

Im Zuge der Informalisierung und Flexibilisierung der Arbeitsverhältnisse werden alte gesellschaftliche Spannungen vertieft und neue geschaffen. Arbeitsmärkte etwa werden nach dem Geschlecht, der ethnischen Herkunft und dem Alter gespalten, nach LohnbezieherInnen, GelegenheitsarbeiterInnen, neuen Selbstständigen und Arbeitslosen, nach Voll- und Teilzeitbeschäftigten usw.(Komlosy/ Parnreiter/ Stacher/ Zimmermann 1997)

V. Die Politik der Importsubstitution:

An der Peripherie setzte sich die sogenannte Importsubstitutionspolitik als eine binnenorientierte Entwicklungsweise durch. Durch die protektionistische Abschottung der Märkte versuchten fast alle Länder der Peripherie, eine nachholende Industrialisierung in gang zu setzen. [...] Eine Schlüsselrolle nahm hierbei ein relativ starker Nationalstaat ein, der innerstaatlich die Macht konzentrierte und so zum wichtigsten Agenten ökonomischer Entwicklung wurde. Auf globaler Ebene wurde das System durch die Vorrangstellung der USA und das Abkommen von Bretton- Woods abgesichert. (Parnreiter; Novy; Fischer 1999: 13)

V. 1. Welthandel / Freihandel

Ein wichtiges Charakteristikum der wirtschaftlichen Globalisierung ist der Welthandel.
Durch die sich vollziehende Deregulierung und Liberalisierung der Märkte entwickelte sich der Außenhandel gegenüber der Binnenwirtschaft überproportional dynamisch: Der Wert der Weltexporte verdoppelte sich von 2000 Milliarden US-Dollar (1980) auf 4300 Milliarden US-Dollar (1994) und der internationale Welthandel verzeichnete Wachstumsraten, die die der Industrieproduktion um das sechsfache überstiegen (Wahl 1997: 108).
Ein zunehmend grösser werdender Teil des internationalen Welthandels wird mittlerweile branchenintern abgewickelt . In den USA hat dieser Bereich zwischen 1970 und 1991 von 49 auf 66 % zugenommen, in Japan von 30 auf 35 %, in Deutschland von 59 auf 80 %. (Altvater/ Mahnkopf 1999: 247)
Wird Handel konzernintern abgewickelt, so spricht man vom sogenannten „intra-firm" Handel. Bei dieser spezifischen Handelsform findet Kapital- und Güterverkehr ausschliesslich zwischen verschiedenen lokalen Unternehmen (Tochterunternehmen) und Subunternehmen des gleichen, meist in OECD- Ländern angesiedelten, Mutterkonzerns.
Auf den Beschluss der Uruguay-Runde des GATT (General Agreement on Tarifs and Trade) 1994 wurde im Jahre 1995 die WTO (World Trade Organisation) ins Leben gerufen, deren Hauptaufgabe in der Liberalisierung der internationalen Märkte gesehen wird. Alasane Quattara, ein Vertreter des IWF erklärte, dass es dadurch nicht notwendigerweise Verlierer, sondern nur Gewinner geben würde: „It is important to recognize that globalization is not a zero-sum-game - it is not necessary for some countries to lose in order that others may gain." (Akinyemi 1999:184)
Die Verfechter des Freihandels begründen ihre Haltung mit der Theorie der komparativen (relativen) Kostenvorteile, nach der jeder Akteur sich auf das spezialisiert, was er am kostengünstigsten produzieren kann.

Durch den Handel untereinander könne jeder Akteur Gewinn erzielen. Leider beruht diese Theorie auf modelltheoretischen Überlegungen mit allzu idealtypischen Annahmen:
Weder die Preisbildung findet in der reinen Form statt, von der die Theorie ausgeht, noch wird der Strukturwandel erreicht, der unabdingbar ist, um aus der verlangten Spezialisierung ausreichende Vorteile zu ziehen. Aussen vor gelassen sind auch Tatsachen wie historisch bedingte unterschiedliche Entwicklungsstufen, eine teilweise über mehrere Jahrhunderte andauernde Kolonialisierung von Märkten und das Vorhandensein von oligopolistischen Marktstrukturen.
Des Weiteren wird der Marktzugang durch verschiedene wirtschaftliche oder nicht-wirtschaftliche Hemmnisse wie z.B. unzulängliche Markttransparenz und -information und die Schwäche der Infrastruktur erschwert bzw. behindert.
Mit in die Überlegungen einbezogen werden sollten auch andere Faktoren wie Tradition, Kultur, Psychologie usw., die das Handeln der Akteure der verschiedenen Bevölkerungen direkt beeinflussen.
Aus entwicklungspolitischer Sicht ist diese Markttheorie jedoch vor allem deshalb angreifbar, weil es erwiesenermaßen keine begründete Korrelation zwischen den Gewinnen, die ein Staat durch internationalen Handel erwirtschaftet, und deren Verteilung auf die verschiedenen Bevölkerungsschichten, d.h. auf die Binnenverteilung und die damit verbundenen Wohlfahrtseffekte, gibt. Als negatives Beispiel kann Lateinamerika herangezogen werden, für das die CEPAL (UN-Wirtschaftskommission für Lateinamerika) 1997 folgende Werte bekannt gab: Die Exporte waren gegenüber dem Vorjahr um 11% gestiegen, das Wirtschaftswachstum betrug 3,5 %; das Niveau der Armut war dabei konstant geblieben, und die Arbeitslosigkeit musste sogar einen steigenden Prozentsatz verzeichnen.
„Vergleiche zwischen der Entwicklung in den Perioden 1960-1980 und 1980-1993 zeigen, dass in der Periode, in der die weltweit verstärkte Marktorientierung einsetzte, die soziale Polarisierung sich trotz des Handelswachstums beschleunigte. Der sogenannte Gini-Koeffizient, der die Einkommensverteilung zwischen den 20% der ärmsten und 20% der reichsten Bevölkerungsgruppen mißt, belief sich z.B. in Südasien 1970-1982 je nach Land auf 0,28 bis 0,40. 1990-1993 betrug er 0,29 bis 0,51, d.h. es fand eine deutliche Aufspreizung der Einkommensunterschiede statt. Für Subsahara-Afrika betrugen die Werte 0,42-0,44 und 0,35-0,59 (Wahl 1997: 108).
Das BMZ (Bundesministerium für wirtschaftliche Zusammenarbeit) sah die Effekte der Globalisierung auf Entwicklungsländer auch nicht unbedingt positiv: Asien und Lateinamerika werden zwar auf der Gewinnerseite verortet, jedoch können die Auswirkungen

für viele afrikanische Staaten noch nicht abschließend geklärt werden. Die definitiven Auswirkungen sind in erster Linie von der Fähigkeit dieser Länder abhängig, sich an die neuen weltwirtschaftlichen Rahmenbedingungen anzupassen, um somit die vorhandenen Handelschancen wahrnehmen zu können.

Gerade dieser Forderung können die meisten Entwicklungsländer jedoch (noch) nicht nachkommen, denn es sind zu viele Schwachstellen vorhanden. Hierbei sind zu nennen: die schon des öfteren erwähnte mangelnde Infrastruktur, technologische Schwächen, unzulängliche Ausbildung der unternehmerischen Qualifikationen, wie beim Marketing und der Qualitätskontrolle, aber auch die Schwächen im Kreditwesen.

Sich trotz dieser Defizite gegen die Konkurrenz des gesamten Weltmarktes zu behaupten, scheint für die ökonomisch schwächeren Länder im Zuge der Globalisierung eine schier nicht erfüllbare Anforderung zu sein. Analysiert man den Welthandel in Hinblick auf seine regionale Verteilung wird offensichtlich, dass sich die Wohlfahrtszuwächse auf einzelne Teile der Welt konzentrieren: Im Jahr 1994 hatte die Triade, die sich aus den drei großen Wirtschaftsblöcken Nordamerika, Japan und Westeuropa zusammensetzt, einen Anteil von 70% des gesamten internationalen Handels. Noch 1980 betrug er "lediglich" 61,3%. Der Anteil Asiens (einschließlich China mit 3%) stieg im selben Zeitraum um einen Prozentpunkt von 16,5% auf 17,5%. Lateinamerika musste einen Rückgang von 5,4% auf 4,6% hinnehmen. Am schlimmsten jedoch steht es in Afrika, dessen schon 1980 geringer Anteil von 5,9% sich weiter auf 2,1% dezimierte (Zahlen aus: Wahl 1997: 109).

Darüber hinaus ist wissenswert, dass die Länder der Triade stolze 75% des gesamten Welthandels untereinander abwickeln. Dem gegenüber steht der nicht nur prozentual, sondern auch in absoluten Zahlen fallende Prozentsatz der Low Income Countries, der (ohne China und Indien) 1980 noch 60,7 Milliarden US-Dollar, 1994 jedoch nur noch 56,1 Milliarden US-Dollar betrug. Durch die in der Uruguay-Runde beschlossene weitere Deregulierung und Liberalisierung wird die Chancenungleichheit bezüglich des Welthandels in folgenden weiteren Punkten verstärkt, da die Ausgangsbedingungen zu unterschiedlich sind.

V. 2. GATS

Erstmalig bezog die Uruguay Runde 1994 den Handel mit Dienstleistungen (GATS: General Agreement on Trade in Services) in ihre Schlussakte ein. Die Dienstleistungen mit internationaler Bedeutung umfassen in erster Linie zukunftsorientierte Bereiche. Besondere Beachtung finden hierbei das Telekommunikationswesen, die Werbung, Finanz- und Versicherungsdienstleistungen, Werbung, Consulting, aber auch Logistik und Tourismus.

Es ist nur schwer zu übersehen, dass der Vorteil auf diesen Feldern eindeutig bei den industrialisierten Ländern liegt. Eventuell sind auch einzelne Schwellenländer wettbewerbsfähig. Die Liberalisierung der Telekommunikationsdienste, die im Februar 1997 nach zügigen Verhandlungen in der WTO vertraglich vereinbart wurden, ist das jüngste Beispiel für strukturelle Chancenungleichheit.“ (Wahl 1997:109); denn keines der Entwicklungsländer verfügt über die notwendige technologische Kompetenz, um sich auf einen derartigen Innovationswettbewerb einlassen zu können. In zweiter Linie begründen sich die ungleichen Voraussetzungen der Entwicklungsländer gegenüber den Industrieländern darin, dass arbeitsintensive Dienstleistungen, wie z.B. das Baugewerbe von der Uruguay-Runde nicht als solche, sondern als Arbeitsimmigtation eingestuft werden. Gerade dieser Bereich würde jedoch eine große Chance für die Entwicklungsländer bedeuten, da sie kostengünstiges Arbeitskräftepotential aufweisen und daher auf dem Weltmarkt durchaus konkurrenzfähig wären. Die Folge dieser Einstufung ist ein verschwindend geringer Anteil Afrikas am Handel mit Dienstleistungen. Mit 1,9% lag dieser 1994 sogar noch unter den mageren 2,1%, die der Kontinent im Warenhandel aufwies.

V. 3. TRIPS

Eine weitere Neuerung, die den Bereich des internationalen Handels betrifft, war die Aufnahme des Handels mit geistigem Eigentum (trade-related aspects of intellectual property rights, TRIPS) in das Regelwerk der Uruguay-Runde. In Hinblick auf die Tatsache, dass sich 90% aller Patente in Händen von Industrieländern befinden, wird eine Benachteiligung der Entwicklungsländer offensichtlich. Der Ursprung dieser Benachteiligung erklärt sich aus einer Verschärfung der Schutzbestimmungen für geistiges Eigentum, was entgegen der proklamierten Liberalisierungsbestrebungen ein protektionistisches Element darstellt. „Besondere Probleme werden sich im Pharma- und Agrarsektor ergeben, wenn genetisch hergestellte Medikamente oder gentechnisch verändertes Saatgut, biologische Schädlingsbekämpfungsmittel etc. von High-tech-Firmen aus dem Norden patentiert werden, und dann nur noch gegen entsprechende Bezahlung (bei entsprechender Belastung der Zahlungsbilanz) in den Entwicklungsländern eingesetzt werden können.“ (Wahl 1997: 109)

Da die WTO nur individuelles Eigentum unter Schutz stellt, werden kollektive intellektuelle Eigentumsrechte - hierbei sind z.B. Naturheil- Zucht- und andere Verfahren, wie sie vor allem in Entwicklungsländern vorzufinden sind, zu nennen - nicht als Patente anerkannt.

V. 4. FDI und Portfolio

Bei ausländischen Direktinvestitionen (Foreign Direct Investment – FDI) handelt es sich um eher längerfristige Investitionen in Unternehmen, bei denen ein bedeutendes Mitentscheidungsrecht an den ausländischen Investor übertragen wird. Die UNCTAD spricht hierbei von der Übernahme eines Unternehmensanteils von mindestens 10 %. Der Ertrag aus der Direktinvestition entsteht durch den entsprechenden Anteil am Unternehmensgewinn sowie durch eventuelle Aufwertung des Betriebsvermögens, wie z. B. von Grund und Boden. Man unterscheidet zwischen zwei Typen von FDI. Erstens die sogenannten „greenfield investments“, in Folge derer es zu einer Unternehmensneugründung im Ausland kommt und zweitens der weit häufiger vertretene Typus der „Mergers and Aquisitions“. Es handelt sich hierbei um Firmenübernahmen oder –fusionen. Auch die Privatisierung staatlicher Unternehmen gehört in diese zweite Kategorie. Portfolioinvestitionen stellen Kombinationen verschiedener Wertpapiere als Geldanlage dar und können auch Wertpapiere wie Derivate, Schuldtitel etc. enthalten. Hierbei wird von Seiten der Investoren jedoch i. d. R. nicht in das Unternehmensmanagement eingegriffen. Portfolio Equity Investments (PEI) bedeuten den Kauf von Unternehmensanteilen, meist in Form von Aktien an der Börse. Diese Investitionen sind kurzfristig angelegt und zielen auf Gewinne anhand einer positiven Kursentwicklung und Dividendenauszahlungen ab. (Küblböck, K. In: Parnreiter/ Novy/ Fischer 1999: 260)

Die Bank für Internationalen Zahlungsausgleich schätzte 1995, dass nur etwa 5 % der internationalen Kapitalströme eine reale Transaktion als Hintergrund hatten, mittlerweile ist dieser Prozentsatz vermutlich weiter gesunken. (Küblböck, K. In: Parnreiter/ Novy/ Fischer 1999: 260) Bei der Aufteilung der FDI auf die Entwicklungsländer sind sehr grosse Unterschiede zu verzeichnen: 80 % davon konzentrierten sich 1996 auf nur 10 Länder (China, Singapur, Brasilien, Indonesien, Mexiko, Malaysien, Argentinien, Chile, Indien, Thailand). Knapp zwei Drittel wurden in Südostasien getätigt, dabei vor allem in China, das mit einer Investitionshöhe von 42 Mrd. US$ nach den USA das zweitgrösste Empfängerland von FDI war. Das restliche Drittel floss fast zur Gänze nach Lateinamerika. Mit einer Steigerung von über 50 % im Jahr 1996 erfuhr diese Region den grössten Zuwachs an erhaltenen FDI. Hauptdestinationen waren hier Brasilien (9, 5 Mrd. US$), Mexiko (7, 3 Mrd. US$) und Argentinien (4, 3 Mrd. US$). Der Investitionsfluss nach Brasilien hat sich 1996 im Vergleich zum Vorjahr verdoppelt, nach Argentinien sogar verdreifacht. Das Volumen der FDI, die nach Afrika fliessen, stagniert in absoluten Zahlen in den letzten Jahren.

Der Anteil Afrikas an den Gesamtinvestitionen in Entwicklungsländern ist stark zurückgegangen, 1996 betrug dieser nur mehr 2, 6 %, im Vergleich zu durchschnittlich 6, 4 % in der zweiten Hälfte der achtziger Jahre. In die 48 Least Developed Countries (LDCs) flossen 1996 lediglich 1, 8 % der FDI in EL oder 0, 5 % der weltweiten FDI.
Zwei Drittel des weltweiten Handels werden innerhalb der OECD- Länder realisiert, wobei der Anteil der Entwicklungsländer weiter rückläufig ist: 1980 entfielen auf Lateinamerika, Afrika, den Mittleren Osten, Zentral- und Osteuropa noch ein Viertel des Welthandels, Anfang der neunziger Jahre ist dieser Anteil auf 12 % gesunken. Der Anteil Lateinamerikas an den Exporten ist von 12, 1 % im Jahr 1950 auf 5, 4 % 1980 und 4, 4 % im Jahr 1995 gesunken. Der Anteil der Länder Afrikas südlich der Sahara an den Weltexporten ging von 3, 3 % im Jahre 1950 auf 2, 5 % 1980 zurück und betrug 1995 nur noch 0, 8 %.
(Küblböck, K. In: Parnreiter/ Novy/ Fischer 1999: 262f.)

VI. Die Schuldenkrise

Bedingt durch den Anstieg der Wechselkurse zu Beginn der Achtziger Jahre, ausgelöst durch eine Erhöhung des Zinsniveaus in den USA, kam es im August 1982 in Mexiko zum Ausbruch der Schuldenkrise, welche sich im Verlaufe der folgenden Jahre wie ein Flächenbrand, in den achtziger Jahren vor allem in Südamerika, in den neunziger Jahren dann in Südamerika (Mexiko 1994; Brasilien 1999; Argentinien 2001) und in Südasien durch den Ausbruch der Asienkrise im Jahre 1997.

„Die meisten peripheren Ökonomien, die sich in den 1970er Jahren mit günstigen Krediten verschuldeten und dadurch verwundbar gemacht hatten, sahen sich über Nacht mit einem starken Dollar und hohen Zinsen konfrontiert. Die realen Zinssätze in US- Dollar explodierten von –6, 5 % (1971/ 80) auf +14, 5 % (1981/ 85).[...] 1996 hatten die Entwicklungsländer laut Weltbank Schulden in der Höhe von 2.117 Mrd. US- Dollar akkumuliert (1980: 616 Mrd. US-Dollar), was etwa einem Drittel ihres Bruttosozialprodukts entspricht. (The Economist, 26. 4. 1997)"

Eine Währungskrise bleibt in der heutigen globalisierten Welt jedoch nie auf die Ökonomie eines einziges Nationalstaates beschränkt. Ganz im Gegenteil führen die zahlreichen wirtschaftlichen und ökonomischen Verflechtungen zwischen den verschiedenen Nationalökonomien zu einem „Überschwappen" der Krise nach dem Prinzip des Domino-Effekts und weiten sich so mit verheerenden Konsequenzen auf ganze Regionen aus. So war bei der Asienkrise die Rezession in Laos beispielsweise stärker als in Thailand, da die laotischen Exporte zu 80 % nach Thailand gehen. Die „Erschütterungen", welche von einer solchen Krise ausgehen, weiten sich erdbebenartig vom Epizentrum bis zur Peripherie aus, so dass Wirtschafts- und Finanzkrisen auch in weit entfernten Regionen noch zu gravierenden „Nachbeben" führen können.

Niemals ist die Währung eines Nationalstaates allein in einer Krise, sondern andere Währungen wegen der globalen Interdependenzen (infolge der Konvertibilität) ebenfalls. Es ist also in der Krise einer Währung, auch wenn sie als Pfund- oder Pesokrise, als Asienkrise oder Russland- und Brasilienkrise verhandelt wird, immer das Währungs- und Finanzsystem insgesamt betroffen. Es geraten aufgrund der Interdependenzen auf globalisierten Finanzmärkten, wegen des „Tequila"- oder „Contagion" –effekts immer mehrere Währungen unter Abwertungsdruck – dem umgekehrt die Aufwertung anderer Währungen entspricht. Währungskrisen mögen also von einer nationalen Währung ihren Ausgang nehmen (Fragmentierung), aber sie wirken sich auf das Gefüge des Währungssystems insgesamt aus (Vereinheitlichung). (Altvater; Mahnkopf 1999: 147)

Die Summe an Schuldendienstzahlungen, die zwischen 1980 und 1996 an die Gläubiger im Norden flossen, beträgt 2, 65 Billionen US$, die Summe der Kreditauszahlungen im gleichen Zeitraum beträgt nur 2, 27 Billionen. Dennoch erhöhte sich der Gesamtschuldenstand aller EL durch den Zins- und Zinseszinsmechanismus zwischen 1980 und 1996 von 0, 6 auf 2, 1 Billionen US$. Der Schuldendienst der EL betrug 1996 262 Mrd. US$, fast 40 % davon waren Zinszahlungen. Einzelne Länder weisen besonders dramatische Zahlen auf, wie z. B. Mosambik, dessen Schuldenstand 1996 1080 % der Exporte und 379 % des BNP betrug, oder auch Nicaragua, wo der Schuldenstand – trotz hoher Schuldennachlässe durch Russland – noch immer bei 650 % der Exporte und bei 355 % des BNP liegt. (Küblböck, K. In: Parnreiter/ Novy/ Fischer 1999: 269ff.)

Altbundeskanzler Williy Brandt bezeichnete die Schuldendienstzahlungen der achtziger Jahre aus dem Süden als „Bluttransfusion vom Kranken zum Gesunden".

Laut Wochenmagazin Time (12. Dezember 1988) hatte ein 240 Mio. $ Kredit der IBfWuE grosse Schäden in Brasilien verursacht. Die Bank gab zu, sich geirrt zu haben, ein Eingeständnis, das im Lichte der sehr strengen Überwachung aller Projekte durch die IbfWuE zu werten ist. Als Folge ihres Irrtums vergab sie einen weiteren Kredit von 200 Mio.$, um damit die durch den ersten Kredit angerichteten Schäden zu reparieren. Somit waren die Ergebnisse für die Beteiligten sehr unterschiedlich: Brasilien erhöhte seine Schulden um fast eine halbe Milliarde, die IbfWuE verdiente an ihrem Fehler, denn selbstverständlich musste Brasilien nicht nur beide Kredite zurückzahlen, sondern auch für die gesamte Summe Zinsendienst leisten.

Der deutsche Bankfachmann Erwin Blumenthal warnte im Blumenthal- Bericht von 1982 eindringlichst davor, „dass Zaires Gläubiger wegen der Korruption der Mobutu Clique keine Chance auf Rückzahlung hätten. 1983 gewährte der IWF Zaire die grösste Ziehung, die eine afrikanische Regierung bislang erhalten hatte. Zwischen dem Erscheinen des Berichts und 1989 verdreifachte der IWF das Volumen der Ziehungen Zaires. Das Geld verschwand erwartungsgemäss. Nikaraguas Diktator erhielt unmittelbar vor dem Sieg der Sandisten noch Geld vom IWF überwiesen, gerade rechtzeitig, um seine Fluchtkasse aufzufüllen. Selbstverständlich erwartete man von der neuen Regierung, dass sie diese Schulden zurückzahlen sollte." (Parnreiter/ Novy/ Fischer 1999: 106; 109)

Diese für die Länder des Südens im wahrsten Sinne des Wortes fatalen Konsequenzen, führten in jüngster Vergangenheit zu immer stärkerer Kritik an der praktizierten Schuldenpolitik und an den als „Washington Consensus" bezeichneten neoliberalen Politikkonzepten. Einige dieser Kritikpunkte möchte ich an dieser Stelle gerne anführen:

- Neue Vertragswerke, wie die Verträge der Uruguay Runde und das durch diese errichtete System der World Trade Organisation (WTO) oder das von den OECD Regierungen in Geheimverhandlungen vorbereitete Multilateral Agreement on Investment (MAI) sind so konzipiert, dass die Vorherrschaft transnationaler Unternehmen und der Reichen der reichen Länder weiter gefestigt wird.
- Der IWF scheint weniger an einer Lösung der Probleme der HIPC interessiert, als daran, seine Kontrolle über die Schuldnerländer durch ESAF- Mittel mit längerer Laufzeit und eine permanente ESAF auszubauen und zu perpetuieren. (Parnreiter/ Novy/ Fischer 1999: 96; 101f.)
- Die Anhäufung von exzessiven Schulden ist üblicherweise das gemeinsame Ergebnis von Fehlern der Kredite aufnehmenden Regierungen und ihrer ausländischen Kreditgeber. Die Fehler der Schuldner werden offensichtlich sein. Die Verantwortlichkeit ausländischer Kreditgeber wird kaum erwähnt. (Pearson u. a. 1969: 156)
- Für den ökonomisch notwendigen Schuldennachlass im Rahmen der *Highly Indebted Poor Countries* (HIPC) Initiative ist eine Bedingung langjähriges Wohlverhalten im Sinne von Bank und Fonds, die auch darüber befinden, ob sich der Schuldner wohl verhalten hat, somit Gläubiger, Ankläger, Richter, Geschworne, Sachverständige und Vollstreckungsbeamte in einem sind. (Parnreiter/ Novy/ Fischer 1999: 99)

Chesnais spricht in diesem Zusammenhang von einer „Diktatur der Gläubiger“ (Chesnais 1996: 25 [zitiert nach Küblböck, K. In: Parnreiter/ Novy/ Fischer 1999: 260]).

VI. 1. Die Strukturanpassungpolitik von IWF und Weltbank

Die Vergabe von Strukturanpassungskrediten (SAK) seitens der beiden Bretton- Woods Institutionen IWF (Internationaler Währungsfonds) und Weltbank (WB) an Entwicklungs- und Transformationsländer des Südens, ist gekoppelt an die Verpflichtung der Regierung des jeweiligen Empfängerlandes, sich einem sogenannten Strukturanpassungsprogramm (SAP) zu unterziehen. Diese SAP verfolgen das Ziel, dass die Schuldnerländer auch in Finanz- und Wirtschaftskrisen kreditwürdig bleiben, indem sie sich weitestgehend vom staatlichen Einfluss befreien. Die Konditionalitäten solcher SAP, bei denen es sich im wesentlichen um die Übernahme neo-liberaler und marktwirtschaftlicher Instrumente handelt, wirken sich tief auf die Strukturen des jeweiligen Empfängerlandes aus.

Während der siebziger Jahre des vergangenen Jahrhunderts, waren nur wenige Länder des Südens scharf darauf, solche SAP auf sich zu nehmen, da diese die Länder in ein enges Abhängigkeitsverhältnis gegenüber den supranationalen Bretton-Woods Institutionen sowie den Industrienationen des Nordens (OECD) führten und de facto mit einem eigenen nationalstaatlichen Souveränitätsverlust einhergingen. In Folge der explodierenden Rohölpreise im Verlaufe der beiden Ölkrisen der siebziger Jahre (1973/74; 1979) und dem Ausbruch der Schuldenkrise im August 1982 in Mexiko, sowie der mit diesen beiden Schockereignissen zusammenhängende drastische Rückgang privater Investoren in Entwicklungs- und Schwellenländern (aufgrund der schlechten makro- ökonomischen Ausgangslage), gerieten die Länder des Südens zunehmend in Schwierigkeiten, ihrem Schuldendienst nachzukommen. Da jedoch nur Ländern, welche sich zu marktwirtschaftlichen Reformen verpflichten, von den Bretton- Woods Institutionen geholfen wird und auch amerikanische Privatbanken Kredite nur mit der Zustimmung der WB vergaben, waren viele Länder des Südens Wohl oder Übel gezwungen, solche SAP auf sich zu nehmen. So hatten Anfang 1986 12 der 15 vom amerikanischen Finanzminister James Baker als wichtigste Schuldnerländer eingestufte Länder – darunter Brasilien, Mexiko, Argentinien, Chile und die Philippinen – SAP zugestimmt. Der Anteil der SAK am Gesamtkreditvolumen der WB stieg von 3% 1981 auf 25% im Jahre 1986 und Ende 1992 waren bereits 297 SAK vergeben worden.

"In fact, most developing countries have had little choice but to ad just to the new economic realities of the emergine global market system [...] Failure to adjust would have guaranteed further marginalization from world markets and equally constrained access to international capital [...]". (WWF 1996: 2)

Die Bedingungen für die Vergabe von Strukturanpassungskrediten (SAK) umfassen u. a.:

- Die Aufhebungen der Beschränkungen für FDI in der Industrie, im Bankwesen und bei anderen Finanzdienstleistungen. Die protektonistische Politik gegenüber einheimischer Industrie und Bankwesen muss zugunsten einer liberalen Politik aufgegeben werden.
- Eine Reduzierung von Zöllen, Importquoten und Importbarrieren jeglicher Art zum Ziele einer besseren und schnelleren Integration der Nationalökonomie in den Weltmarkt.
- Meist sind diese Massnahmen verbunden mit einem Strategiewechsel der Wirtschaftspolitik, einem Übergang von einer binnenmarktorientierten Politik der Importsubstitution zu einer nach dem Weltmarkt orientierten Exportpolitik um so dem Schuldendienst gegenüber den Gläubigerländern im Norden durch Devisenzufluss aus den Exporterlösen nachkommen zu können. Dies führt jedoch meist zu einer

schlechteren Selbstversorgung und einem Rückgang der Diversität heimischer Produkte zugunsten einzelner Industriegüter oder landwirtschaftlicher Monokulturen.

- Der Verzicht auf Lohnerhöhungen oder die Kürzung von Löhnen zur Steigerung der Wettbewerbsfähigkeit der Exportproduktion. Hinzu kommt eine radikale Kürzung der Staatsausgaben um der zum Teil galoppierenden Inflation Einhalt zu gebieten. Im Nachhinein muss der Abbau der staatlichen Sozialleistungen besonders in den Bereichen Gesundheit, Bildung und Soziales als dramatische und fatale Fehlentscheidung bezeichnet werden.
- Eine Abwertung der Landeswährung gegenüber den sogenannten harten Währungen um eine weitere Steigerung der Exporte zu erreichen.
- Privatisierung von Staatsunternehmen um ausländischem Kapital den Zufluss zu erleichtern.
- Durchführung eines Deregulierungsprogrammes in Bezug auf Arbeitnehmer- und Umweltschutz sowie dem Schutze natürlicher Ressourcen um eine Steigerung der Wettbewerbsfähigkeit der Exportproduktion durch Kostenvorteile zu erreichen.
- Ende der 1980er Jahre wurden die SAP seitens der Bretton- Woods Institutionen um die politische Konditionalität der „good governance“ erweitert.

Der zweite Strukturanpassungskredit der IbfFWuE an Thailand enthielt über 100 Bedingungen! (Parnreiter/ Novy/ Fischer 1999: 103)

Mit der Annahme eines SAP unterwarf sich ein Land also de facto der wirtschaftlichen Kontrolle durch IWF und Weltbank. Es kam dadurch zu einem Machtverlust des Nationalstaates zugunsten supranationaler Finanzinstitutionen. Die Handlungs- und Steuerungsfunktion des Staates erleidet einen dramatischen Bedeutungsverlust.

„Die „Erfolgsbedingungen“ neoliberaler Politik – eine ausgeglichene Zahlungsbilanz, eine antiinflationäre Politik und die Orientierung auf Geldwertstabilität zur Aufrechterhaltung der Wettbewerbsfähigkeit – liegen gerade im Abwürgen jeglicher staatlicher Sozialpolitik.“ (Parnreiter; Novy; Fischer 1999: 17)

VI. 2. Fragmentierende Entwicklung durch die Globalisierung der Strukturanpassungspolitik

Die Bretton- Woods Institutionen haben stets den Erfolg von SAK und SAP herausgestellt. Erst in jüngerer Vergangenheit kam es zu kritischeren Tönen seitens der Weltbank, so bemerkte Joseph Stiglitz, bis Februar 2000 Chefökonom der Weltbank, dass im Verlaufe einer Wirtschaftskrise „die Arbeiter die Kosten – in Form von hoher Arbeitslosigkeit und sinkenden

Löhnen zu tragen hatten." Der IWF währenddessen ist nach wie vor von der Methodik, der Politik, der Richtigkeit und dem Erfolg von SAK und SAP überzeugt. Der Wirtschaftswissenschaftler Mohsin Khan verglich Länder, die zwischen 1973 und 1988 Stabilisierungs- und Anpassungsprogramme durchgeführt hatten, mit Ländern, die dies nicht getan hatten. Er gelang zu der Feststellung, dass das erzielte Wirtschaftswachstum jener Länder höher war, welche sich keinen Anpassungsmassnahmen unterzogen hatten.

Gestützt auf die Daten der WB fand der Wirtschaftswissenschaftler Lance Taylor vom MIT heraus, dass sich die vor der SAP verfolgte Politik der Importsubstitution, welche von 1960-1973 allgemeine Praxis in Lateinamerika war, die Produktivität effektiver gefördert hätte.

Die Wirtschaftswissenschaftlerin Eva Jespersen von der UNICEF konzentrierte sich in ihrer Studie auf die Ergebnisse in Afrika in den Achtzigerjahren. Sie beurteilte insgesamt 24 Länder, die SAP umgesetzt hatten, nach folgenden drei Kriterien:

- Der Kapitalakkumulationsrate
- Dem Anteil der Produktion am BIP
- Dem Exportwachstum

Nach Auswertung der Daten kam sie zu der Feststellung, dass sich die Kapitalakkumulation in 20 Ländern verlangsamt hatte; in 18 Ländern der Anteil der Produktion am BIP stagnierte und die Exporte in 13 Ländern abgenommen hatten.

Zudem hatten die in 11 Ländern erzielten Exportzuwachsraten die Importzuwachsraten nicht ausgleichen können, so dass es zu einer negativen Handelsbilanz kam. (Cornia u.a. 1992)

VII. Südamerika zwischen Globalisierung und Fragmentierung:

Das Fallbeispiel Chile

Chile war wahrscheinlich das Land mit dem am längsten laufenden SAP der Welt. Seine Umsetzung begann unmittelbar nachdem General Augusto Pinochet, durch einen von den USA unterstützten, blutigen Militärputsch gegen den demokratisch gewählten Staatspräsidenten Salvador Allende, im September 1973 an die Macht gelangte.

Zentraler Bestandteil der Politik nach dem Militärputsch war eine drastische Reduktion der Reallöhne. Zudem wurde bereits wenige Tage nach dem Putsch die zentrale Gewerkschaft verboten, viele Gewerkschafter wurden ermordet, verhaftet, gefoltert, entlassen oder mussten ins Exil gehen. Auch die Linksparteien wurden zerschlagen und verboten. Diese drastischen Massnahmen waren wichtig, um die Kräfteverhältnisse fundamental zugunsten des Kapitals zu verschieben. Für das Terrorregime – Handlanger der Vermögenden und grossen Kapitalfraktionen – war es klar, dass die Arbeiter den gefährlichsten Feind darstellten, da diese danach strebten, das traditionelle Wirtschafts- und Herrschaftssystem auf den Kopf zu stellen. „Wichtigster Punkt für die rasche und radikale Transformation des Akkumulationsregimes war jedoch die sich auf Terrorgewalt stützende Militärdiktatur, die als Instrument wichtiger Kapitalfraktionen deren Interessen durchsetzte und gleichzeitig die Organisationsmöglichkeiten der Arbeiter zerstörte.“ (Jäger, J. In: Parnreiter/ Novy/ Fischer 1999: 242f.)

„Die chilenische Arbeiterklasse war ... ein sehr gefährlicher Gegner des Kapitalismus überhaupt geworden, was eine harte Antwort seitens der gesamten Bourgeoisie und ihres Staates erforderte, um die Aufrechterhaltung des Systems zu sichern. Die Brutalität der Militärs kann nur vor diesem Hintergrund verstanden werden.(Rivera 1981: 68)“ Amerikanische Wirtschaftswissenschaftler der University of Chicago entwarfen einen radikalen Reformplan hin zu einer exportorientierten, liberalen Marktwirtschaft, welche der skrupellose Diktator rigoros und mit Hilfe militärischer Gewalt umsetzte.

Aufgrund einer Freigabe der bis 1973 grossteils staatlich regulierten Preise und der Streichung von Subventionen für Grundnahrungsmittel sowie einer starken Währungsabwertung konnte die Inflation jedoch kaum eingedämmt werden, sie betrug 1974 noch 375 % (Banco Central 1989). In den ersten fünf Monaten des Jahres 1981 stiegen die Importe um 44 %, während die Exporte nur um 14 % zulegen konnten.

Damit explodierte das Handelsdefizit, das sich in der zweiten Hälfte der siebziger Jahre angesammelt hatte und zu einem grossen Teil über Auslandskredite finanziert worden war.

(Ominami 1986: 134f.; zitiert nach Jäger, J. In: Parnreiter/ Novy/ Fischer 1999: 244) Die offizielle Arbeitslosigkeit stieg auf über 34 %. Das BIP sank 1982 um über 14 % und damit noch stärker als im Jahr 1975, als die Reduktion 12, 9 % betragen hatte (Banco Central 1989).

Die gesamten Aussenschulden (öffentlicher und privater Natur) entsprachen 1980 45, 5 % des BIP und knapp dem Doppelten der Exporte dieses Jahres. 1990 betrug die Schuldenlast bereits 67, 4 % des BIP und 180, 7 % der Exporte. (Jäger, J. In: Parnreiter/ Novy/ Fischer 1999: 248)

Neben den verheerenden gesellschaftlichen Auswirkungen der terroristischen Diktatur, kam es nur zu einer mässigen ökonomischen Entwicklung. Die Kombination beider Faktoren führte jedoch zu einer Explosion der sozialen Probleme, es kam zu beträchtlichen Verarmungsprozessen grosser Teile der Bevölkerung sowie zu einer extremen Polarisierung der Einkommen und damit zu einer geänderten Gesellschaftsstruktur. Nur etwa 10- 20 % der Bevölkerung zählten zu den Gewinnern dieses Umbruchs.

Die Folgen für das südamerikanische Land waren verheerend, die Bilanz der SAP Ende der Achtziger Jahre präsentierte sich wie folgt:

- Rund 600 staatliche Unternehmen waren privatisiert worden, es befanden sich nur noch knapp 50 Unternehmen in staatlichem Besitz.
- Alle quantitativen Handelsbeschränkungen waren aufgehoben und für sämtliche Handelsgüter ein einheitlicher Zolltarif von 10 % eingeführt worden. Somit hatte sich Chile von einer binnenorientierten, protektionistischen Volkswirtschaft zu einer der offensten und exportorientiertesten entwickelt.
- Das Land war zu einem hohen Masse mit den internationalen Wirtschaftsmärkten verflochten, das gesamte Handelsvolumen stieg zwischen 1970 und 1990 um 19, 4 % (von 35 % auf 54, 4 %).
- Ausländische Investoren hatten durch Beteiligungen an den früheren Staatsunternehmen Schlüsselpositionen in den Kernbereichen der chilenischen Wirtschaft erobert, so etwa im Bereich der Telekommunikation, der Stahlproduktion und bei den Fluggesellschaften.
- Es war zu einer radikalen Deregulierung des nationalen Finanzmarktes gekommen.
- 9 % des BIP wurden für den Schuldendienst aufgebracht und verliessen somit in Form von Devisen das Land.
- Trotzdem waren 1991 die Auslandsschulden Chiles auf 19 mia. USD gestiegen, was 49 % des BSP entspricht.

- Fatal wirkte sich des Weiteren aus, dass ein nicht geringer Anteil der als festverzinsliche Schuldverschreibungen aufgenommenen Schulden in so genannten „debt- equity swaps“ gegen Aktien aus Schlüsselsektoren der chilenischen Wirtschaft umgetauscht worden waren.
- Das Wachstum des BIP sank von 4, 6 % von 1961- 1971, also vor der Phase der SAP, auf 2, 6% (von 1974- 1989) in der Ära Pinochet.

Diese Negativfaktoren wurden begleitet und verschärft durch zwei schwere Krisen der chilenischen Wirtschaft; die Erste in den Jahren 1974/ 75, als das BIP um 12 % sank und die Zweite 1982/ 83, als das BIP um 15 % sank. Wie Lance Taylor und seine Mitarbeiter in ihrem Bericht für die UNCTAD (United Nations Conference on Trade and Development) feststellten, „taumelte die chilenische Volkswirtschaft durch eine zwölfjährige Kette von katastrophalen Experimenten, die von der Weltbank und dem Internationalen Währungsfonds üppig unterstützt wurden“. (Fanelli 1992)
Die einzigen Wachstumsbranchen der chilenischen Wirtschaft beschränkten sich auf die Bereiche Bergbau, Landwirtschaft, Forstwirtschaft und Fischerei, was jedoch gravierende negative ökologische Folgen aufwies. (Stichwort politische Ökologie)
Als wahrhaftiges Desaster können insbesondere auch die sozialen Folgewirkungen der radikalen Umformierung der Marktwirtschaft bezeichnet werden. Nach Ausbruch der Schuldenkrise und mit der Annahme der SAP war der Staat gezwungen, die gewaltigen Schulden privater Unternehmen und Finanzinstitute zu übernehmen. Es kam also zu einer Verstaatlichung privater Schulden, welche somit auf den Steuerzahler übertragen wurden und zusammen mit einer Abwertung des Peso um 50 %, zu steigender Verwundbarkeit, Armut und Problematik bei der Befriedigung der Grundbedürfnisse, sprich der Überlebenssicherung, (verbunden mit einer Zuspitzung und Polarisierung sich verschärfender sozialer Konflikte, die v. a. militärisch gelöst wurden), vor allem unter den Ärmsten der Bevölkerung führte:

- Der Anteil der Familien, welche unter der absoluten Armutsgrenze lebten, stieg zwischen 1980 und 1990 um 3 % von 12 auf 15 %; während der Anteil derer, die unterhalb des Existenzminimums lebten, von 24 % auf 26 % anstieg.
  Der Kalorienverbrauch pro Kopf (unter den 40 % der armen Bevölkerung) sank von 2019 im Jahre 1970 auf 1751 (1980) und 1629 (1990) – beträchtlich weniger als die internationale Mindestnorm für ausreichende Ernährung.
- Des Weiteren kam es zu einer zunehmenden Disproportionalität betreffend der Einkommensverteilung. Der Anteil der ärmsten 50 % der Bevölkerung am

Volkseinkommen sank von 20, 4 % auf 16, 8 %; während der Anteil der reichsten 10 % von 36, 5 % auf 46, 8 % anstieg.

- Betrachtet man den Anteil der Bevölkerungsgruppen am privaten Konsum, so kann man feststellen, dass 1969 das reichste Fünftel 43, 2 % der Güter, 1978 51 % und 1988 54, 9 % der Güter konsumierte. Der Anteil der ärmsten 20 % der Bevölkerung am nationalen Güterkonsum verringerte sich zusehends von 7, 7 % (1969) auf 5, 2 % (1978) und 4, 4 % (1988).
- Die Sozialquote am BIP betrug 1972 noch 25 %, war 1981 bereits auf unter 15 % gefallen und betrug 1997 gar nur mehr 11, 7 %. (Jäger, J. In: Parnreiter/ Novy/ Fischer 1999: 252)
- Der Anteil der Armen an der Gesamtbevölkerung hat sich allerdings zwischen 1970 und 1990 auf 40 % verdoppelt. (vgl. Jäger, J. In: Parnreiter/ Novy/ Fischer 1999: 252 und Dabrowski 1995: 100f.)
- Enrique Iglesias, der Präsident der Interamerikanischen Entwicklungsbank, berichtet dass, „der Grossteil der Anpassungskosten disproportional auf die mittleren und die unteren Einkommensgruppen (entfiel), während bei den obersten 5 % der Bevölkerung der Lebensstandard gleich blieb oder sich in manchen Fällen sogar noch verbesserte.“ (vgl. Jäger, J. In: Parnreiter/ Novy/ Fischer 1999: 252; Dabrowski 1995: 100f.; Walden, B. 2001: 198ff.)

„Um das Einkommen zu verdoppeln, müssten die ärmsten 20 % der Bevölkerung bei einer durchschnittlich anzunehmenden langfristigen Wachstumsrate von 3 % pro Kopf und bei gleichbleibender Verteilung rund 24 Jahre warten. Eine Umverteilung nur des zusätzlichen Einkommens der reichsten 5 %, welches in den letzten drei Jahren durch den Zuwachs des Nationalprodukts von dieser Gruppe lukriert wurde, an die ärmsten 20 % würde deren Lebensstandard verdoppeln. (Schatan 1997; In: Parnreiter/ Novy/ Fischer 1999: 255)

VIII. Strukturelle Hemmnisse Afrikas

VIII. 1. Die sieben Faktoren von Rainer Tetzlaff

Die sogenannten Afrika-Pessimisten räumen dem Kontinent im kapitalistischen Weltmarktsystem nur geringe Überlebenschancen ein.

Rainer Tetzlaff stellte sieben Faktoren zusammen, auf die er den Mangel an Wettbewerbsfähigkeit zurückführt: (Akinyemi 1999: 173)

1. die fachliche Inkompetenz und Exekutivschwäche der öffentlichen Institutionen (Staat) zur Förderung von Entwicklung, zur Integration von Gesellschaft, zur Aufrechterhaltung von rechtsstaatlicher Ordnung (capacity-building);
2. die zunehmende Ressourcenverknappung (bebaubares Land, Weideland, Süßwasser, Primärwald, Bodenschätze) als Indikator und Ursache für zunehmende Verarmung;
3. relativ oder absolut abnehmende Handelseinkommen aufgrund ungünstiger externer, weltmarktbedingter Faktoren bei steigendem Konsumbedürfnis der Eliten nach Importgütern (negative Handelsbilanz);
4. das ungestüme Bevölkerungswachstum im Verhältnis zu den Möglichkeiten der Ernährung der Bevölkerung aus eigener Produktion (die sog. relative Überbevölkerung);
5. "bad governance" auf Seiten der Regierung und der Verwaltung: Korruption der Beamten, Ineffizienz der Ressourcenallokation, mangelhafte Haushaltsdiziplin, Überschuldung des Staates etc. (Problematik des *soft state*):
6. mangelhafte friedliche Integrationsmechnismen der Gesellschaft: das Fehlen einer markt- und wertintegrierten überethnischen "civil society" als Partner und Korrektiv eines autoritären Staates (Gemeinschaftsbildung);
7. das Fehlen der Unterordnung von Gewaltspezialisten (des Militärs) unter die zivile Gesellschaft, die politische Konflikte um Macht, Reichtum und kulturelle Identität von Minderheiten nicht mit militärischer Gewalt, sondern konsensual mittels verhandelter Kompromisse auf Grundlage einer rechtstaatlichen Verfassung bearbeitet (Demokratiefähigkeit).

Tetzlaff beschränkt sich bei der Formulierung seiner Thesen auf rein endogene Faktoren und lässt exogene Faktoren völlig außer acht. Diese Position ist genau sowenig nachvollziehbar wie die derer, die das Dilemma des Kontinents ausschließlich in Faktoren wie Kolonialismus, Neokolonialismus und Weltmarktabhängigkeit begründet sehen.

Trotz einiger Vorbehalte gegenüber der Herangehensweise Tetzlaffs, muss klargestellt werden, dass nur durch die integrierte Betrachtungsweise sowohl endogener als auch exogener Faktoren die strukturelle Schwäche Afrikas erklärbar gemacht werden kann.

VIII. 2. Politische und gesellschaftliche Rahmenbedingungen

Als Folge des Kolonialismus hat in vielen Ländern Afrikas nur eine "oberflächliche und verzerrte Staatsbildung" stattgefunden. (Wiemann: www.bpb.de) Dies lässt sich auch darauf zurückführen, dass die Kolonialmächte Grenzen häufig *mit dem Lineal* zogen, und der Frage keine Beachtung schenkten, ob diese mit den Grenzen von Ethnien zusammenfallen.
Die Landesgrenzen wurden in vielen Fällen zusammen mit den politischen Strukturen der Kolonisatoren schlicht übernommen. Kriege und Bürgerkriege waren nicht selten die Folge, was z.B. in Angola oder Somalia bis zum "Staatszerfall" führte.
Der Vorstellung des "developmental state"[1] wird jedoch auch ein Großteil der übrigen Staaten dieser Region nicht gerecht. Anstatt die staatlichen Mittel zur Unterstützung und Stärkung von Entwicklungsprogrammen zu verwenden, herrscht seitens der gesellschaftlichen Eliten und der Regierung oft eine Art Selbstbedienungsmentalität, die als afrikanischer Klientelismus bekannt ist, vor.
"Sie betrachten den Staat als ihr Lehen, aus dem sie soviel Nutzen wie möglich ziehen in der Zeit, da sie am Schalthebel sitzen." (Wiemann: www.bpb.de) Der afrikanische Klientelismus findet seinen Ausdruck auch in Devisentransfers ins Ausland[2] sowie in hoher Korruptionsbereitschaft, die durch die Rechtsordnung nicht hinlänglich bekämpft wird.

VIII. 3. Wirtschaftliche und wirtschaftspolitische Rahmenbedingungen

Die ersten beiden Jahrzehnte nach der Unabhängigkeit waren in vielen Ländern Subsahara-Afrikas durch die Strategie der 'importsubstituierenden Industrialisierung' (ISI) gekennzeichnet. Von dieser erhoffte man sich nicht eine Entlastung der Zahlungsbilanz, sondern auch eine unabhängigere Entwicklung von anderen Ländern sowie die Förderung derjenigen Sektoren, die für den inländischen Markt produzierten. Zur Umsetzung dieser Strategie gehörten Instrumente wie Importzölle, Importsteuern und Importkontingente; durch fiskalische Mittel, wie verbilligte Kredite oder Steuervergünstigungen, wurden inländische Investoren subventioniert. In Bereichen, die als strategisch wichtig angesehen wurden,

[1] Ein Staat, dessen Regierung das Ziel einer entwicklungsorientierten nachhaltigen Entwicklung anstrebt und dies durch

[2] Allgemein wird davon ausgegangen, dass das ins Ausland transferierte Fluchtkapital wertmäßig die gesamte Verschuldung des Staates übertrifft

übernahm jedoch der Staat die Geschäfte, so dass Privatpersonen die Möglichkeit genommen wurde Investitionen in diesen Bereichen (z.B. Infrastruktur, Kommunikation, Energie) zu tätigen.

In der Theorie der komparativen Vorteile gilt die Importsubstitution als ineffizient, da sie der Idee des freien Handels entgegensteht und die Vorteile der internationalen Arbeitsteilung nicht für sich nützt. „Es ist in der Tat nur vernünftig, eine Strategie der Importsubstitution zu verfolgen, wenn mit langfristigen dynamischen komparativen Vorteilen zu rechnen ist und die entsprechenden Maßnahmen so durchgeführt werden, dass der Anschluss an den Weltmarkt nicht verlorengeht." (Alobo 2002: 66) Außerdem ist diese Strategie volkswirtschaftlich riskant, denn die periodische Loslösung vom Weltmarkt bedeutet, dass sich die Kosten inländischer Industrieprodukte für die Landwirtschaft und für andere Abnehmer erhöhen.

Die meisten der nationalen Industrien Afrikas gelangten jedoch auch durch die Strategie der importsubstituierenden Industrialisierung nicht zum Ziel - der internationalen Wettbewerbsfähigkeit. „Die Binnenmärkte waren viel zu klein für Industrien von wettbewerbsfähiger Größenordnung." (Wiemann: www.bpb.de)

Ferner haben die meisten Entwicklungsländer nicht genügend wohlhabende Einwohner, die die nötige Nachfrage sichern könnten. Hinzu kommt, dass die betroffenen Länder es nicht schafften, genügend Mittel für Investitionen in Ausbildung, Forschung, Entwicklung und Infrastruktur bereitzustellen; folglich ist die vollständige Erschließung des Binnenmarkts (bis heute) allein durch den Mangel an Verkehrsverbindungen nicht möglich gewesen. Auch die Mobilisierung von privaten Investitionen (inländische oder ausländische) gelang nicht in so ausreichendem Maße, dass daraus tragfähige industrielle Strukturen hätten erwachsen können. Eine Ursache dieser Tatsache sind die politischen Standortnachteile vieler dieser Länder: Wie schon von Wiemann (www.bpb.de) berichtet, weist die staatliche Administration korrupte Strukturen auf, das Recht auf Eigentum ist nicht immer gewährleistet (Enteignungen der weißen Farmer in Zimbabwe), Steuern werden häufig willkürlich erhoben und es bestehen überdurchschnittlich hohe Geschäftsrisiken, da die Rechtsordnung nur unzureichende Anwendung findet.

Um das noch nicht genutzte Wachstumspotential zu aktivieren, wäre es wichtig die Kapitalflucht aus afrikanischen Ländern aufzuhalten. Dies kann nur dann gelingen, wenn eine investitionsfreundlichere Umgebung geschaffen wird, die unter anderem politisch stabilere Rahmenbedingungen aufweisen müsste.

VIII. 4. Natürliche Rahmenbedingungen

Afrika weist einige strukturelle Standortnachteile auf, die es der Region schwer machen, Investitionen anzuziehen und hierdurch Erträge abzuschöpfen. Hierunter fällt die Tatsache, dass die Transportkosten für Güter sehr hoch sind, was sich durch die relativ dünne Besiedlung im Vergleich zu anderen Entwicklungsregionen, den schlechten Ausbau der Infrastruktur und die langen Transportwege zu den Häfen, vor allem für die vielen afrikanischen Binnenländer, erklären lässt. Hinzu kommen die extremen Klimate, die trockenheiß und wüstenbildend beiderseits der tropischen Zone (Sahelzone und Sahara auf der Nord-, namibische Wüste auf der Südhalbkugel), und in Zentralafrika tropisch sind. Dürren beeinträchtigen die Landwirtschaft: Afrikas Erntezyklen auf bewässertem Land sind weniger zahlreich, die Bodenproduktivität geringer und die Ernteerträge niedriger als in Gebieten mit gemäßigtem Klima. Aber auch Unwetterkatastrophen und Überschwemmungen wirken sich besonders nachteilig aus, da Brandrodungsböden durch tropische Regenfälle sehr rasch ausgelaugt werden.

Diese lokalen Hemmnisse werden noch verstärkt durch den folgenden Faktor:

"Auch die Arbeitsproduktivität der Bauern und Landarbeiter wird sowohl durch Hitze und Tropenkrankheiten als auch durch eine Strategie der Risikostreuung durch Bearbeitung teilweise weit auseinander liegender kleiner Felder, nicht selten ergänzt um eine Erwerbstätigkeit außerhalb der Landwirtschaft, beeinträchtigt. Diese angesichts der Witterungs- und Schädlingsrisiken durchaus rationale Strategie der Risikostreuung erlaubt aber kaum Skalenerträge und bringt zusätzliche Transportkosten mit sich." (Wiemann: www.bpb.de)

VIII. 5. Abhängigkeit von den Industrieländern

Durch die Kolonialisierung wurden vielen Länder Afrikas die Rolle des Rohstofflieferanten zugewiesen. Länder, die sich lange Zeit einseitig auf den Export von Rohstoffen beschränkt haben bzw. beschränken, sind im Zeitalter der Globalisierung strukturell stark benachteiligt. Die komparativen Vorteile in diesem Bereich liegen zwar wirklich in Afrika, jedoch können sie nicht genug genutzt werden, denn die meisten Rohstoffe sind heutzutage für die Industrie und die Produktion der Länder des Nordens nicht mehr so bedeutend wie einst und erzielen dementsprechend immer weiter sinkende Preise auf dem Weltmarkt. "Hinzu kommt, dass Afrika sogar bei den Rohstoffen Weltmarktanteile gegenüber dynamischeren Entwicklungsländern eingebüßt hat. (...) So ist der Weltmarktanteil Afrikas (einschließlich Nordafrika, aber ohne die Republik Südafrika) von 1970 bis 1997 bei Nahrungsgütern von

7,7 % auf 3,2 %, bei Agrarrohstoffen von 7,2 % auf 3,9 %, bei Erzen und Metallen von 10,2 % auf 2,5 % und bei Erdöl von 14,0 % auf 11,8 % gesunken." (Wiemann: www.bpb.de)
Afrika wurde so in eine Entwicklungssackgasse hineinmanövriert, die auch daraus resultiert, dass die meisten dieser Länder es versäumten, in die "Infrastruktur, produktivitätssteigernde Technologien und Forschung zur Steigerung der Flächenerträge bei Agrarrohstoffen" (Wiemann: www.bpb.de) sowie in die Diversifizierung ihrer Exporte zu investieren. Auf diese Strategie gründet sich nämlich u.a. der Entwicklungsschub der sogenannten Tigerstaaten in Asien.
Selbst nach der Unabhängigkeit der Länder wurden sie auf den Rohstoffexport ausgerichtet, anstatt sich auf Dienstleistungen oder Industriegüter zu verlegen, deren Weltmarktanteil ständig steigt. Durch das Abkommen von Lomé - seit dem Jahr 2000 als Cotonou-Abkommen bekannt - wurde seitens der Europäer ein Programm zur Exporterlösstabilisierung (STABEX) gegründet, was die AKP-Staaten (Afrika, einige karibische und pazifische Inseln) davon überzeugte, dass sich mit Rohstoffexporten langfristig das benötigte Kapital erwirtschaften ließe. Ein weiterer, nicht zu unterschätzender Faktor war der Kalte Krieg, während dem die zwei Blöcke aus strategischen Gründen verschieden afrikanische Regime unterstützten, ohne wirklich großen Wert auf eine nachhaltige Entwicklungsorientierung zu legen.
Für die Zeit nach dem Kalten Krieg bleibt anzumerken, dass die über die Zeit gewachsenen Schuldenberge, die auch auf dieser fehlgeleiteten Entwicklung beruhen, diese Länder in eine extreme Abhängigkeit von den Gläubigerländern brachten und ein entscheidendes Entwicklungshemmnis darstellen, obwohl durch die HIPC- Initiative, die einzelnen hochverschuldeten armen Ländern (teilweisen) Schuldenerlass gewährt, Schritte in die richtige Richtung getan werden.
Der der Europäischen Union oft vorgeworfene Protektionismus hat insofern keine verheerenden Auswirkungen auf afrikanische Länder, da ihre Industriegüter größtenteils freien Zugang zum Markt der EU haben, wobei natürlich die Mindeststandards erfüllt sein müssen. Dahingegen schaden die Exporte europäischer Nahrungsmittelüberschüsse der afrikanischen Agrarwirtschaft, da diese mit den niedrigen Preisen nicht mithalten kann.

IX. SCHLUSSWORT UND AUSBLICK

In der globalisierten Ökonomie können drei Hauptakteursgruppen unterschieden werden:

a) Die „global players"
b) Die Nationalstaaten
c) Die supranationalen Institutionen

Peter Sutherland, ehemaliger GATT- Direktor, behauptete, dass es bei der Liberalisierung des internationalen Handels, sprich der ökonomisch- wirtschaftlichen Globalisierung, „keine Verlierer, sondern nur Gewinner ... mehr Handel bedeutet auch immer mehr Einkommen für Alle." Der frühere Bundesminister für wirtschaftliche Zusammenarbeit, Carl- Dieter Spranger, war der Überzeugung, dass sich durch die Globalisierung „die Wachstumsmöglichkeiten weltweit" insgesamt verbessern würden und sich so im Anschluss das „globale Armutsgefälle" verringern würde. (zitiert nach Scholz 2000: 3)

Der Direktor der WTO war der Überzeugung, dass eine weitere Deregulierung der Märkte notwendig sei, „um ein anhaltendes Wachstum und damit auch einen höheren Lebensstandard zu erreichen [...] nur eine weitere Liberalisierung des weltweiten Handels", könne zu mehr Wohlstand führen. (zitiert in: „WTO- Chef setzt sich für arme Länder ein"! Süddeutsche Zeitung Nr. 203; 03. 09. 1999)

Eine Untersuchung der Weltbank kommt anhand von 20 Länderstudien allerdings zu dem Schluss, „dass der Wechsel zu einem offeneren Aussenhandelsregime das Einkommen der 40 Prozent ärmsten Bevölkerungsmitglieder drückt. Die Kosten des Anpassungsprozesses werden demnach von den Armen getragen, und zwar unabhängig davon, wie lange der Prozess dauert." Der Chef der Weltbank, Wolfensohn, plädiert deshalb dafür, "dass die internationale Finanzarchitektur die gegenseitige Abhängigkeit zwischen dem Makroökonomischen und Finanziellen einerseits und den strukturellen und sozialen menschlichen Problemen andererseits wiederspiegeln muss". Schade nur, dass dies bisher noch nicht umgesetzt worden ist.

Auch wenn sich in manchen Fällen die ökonomischen Indikatoren als Folge der Strukturanpassungsmassnahmen verbessern, verschlechtern sich ebenso oft die sozialen Verhältnisse, steigt die Arbeitslosigkeit, verringert sich infolge von Deregulierung und Privatisierung die Fähigkeit des politisch-administrativen Systems zur Regulierung, wird die Einkommensverteilung ungleicher und wird die Umwelt degradiert. (vgl. WWF 1996: 10ff.)

In Bezug auf die Strukturanpassungspolitik gilt es, diese kritisch nach den Perspektiven einer sowohl kohärenten, als auch nachhaltigen Entwicklung zu hinterfragen.

„Sustainable development is people-centered in that it aims to improve the quality of human life, and it is conservation-based in that it is conditioned by the need to respect nature' s ability to provide resources and life supporting services. In this perspective, sustainable development means improving the quality of human life while living within the carrying capacity of supporting ecosystems" (WWF 1996: 5)
Zu bemängeln ist vor allem, dass bei der Vergabe von SAP der "country-by-country"- Ansatz in den allermeisten Fällen nicht berücksichtigt wurde. Dies ist aber gerade deswegen wichtig, da "paricularities of individual countries and their differing functions in the emerging international division of labor" sich nicht mit auf alle Länder anwendbaren, scheinbar gemeingültigen Patentrezepten lösen lassen. (WWF 1996: 3) Einleuchtend erscheint mir daher der Vorschlag von Altvater und Mahnkopf (1999: 127), in einem „eclectic messy center" ökonomische, soziologische und politische Theorien zu kombinieren und so jeweils landesspezifische Entwicklungsmodelle zu entwerfen, welche mit einer lokalen Kohärenz einhergehen.

Des Weiteren sollte sich kritisch mit der Frage auseinandergesetzt werden, ob es nicht intelligenter wäre, statt auf eine weitere Deregulierung der Weltmärkte, verbunden mit einer zunehmenden Kapitalakkumulation (zu Gunsten weniger), vielmehr im Sinne Friedrich Lists auf die Entwicklung der „produktiven Kräfte" und auf die „Bildung von Humankapital" oder sozialer Netzwerke (Stichwort „soziales Kapital") zur Herstellung systemischer Wettbewerbsfähigkeit, zu bauen. Dies erscheint unter anderem daher sinnvoll, da wirtschaftliche und soziale Entwicklung auf einer unterschiedlichen Faktorausstattung der verschiedenen Länder, Regionen und Kontinente beruht.

Während es bei dem Prozess der Inklusion zu einer zunehmenden Verflechtung und Vernetzung von geographischen Räumen, politischen Territorien, transnational agierenden Konzernen (TNK), Handelsmärkten, Kulturgesellschaften und Ethnien, kurzum zu einer Grenzauflösung kommt; so führt die diametral entgegengesetzte Entwicklung der Exklusion zu einer zunehmenden Entflechtung eben dieser Faktoren und bildet heute die Lebensrealität des überwiegenden Anteils der Weltbevölkerung. Durch die Ausgrenzung verschiedener Länder und Regionen aus den weltweiten Güter- und Kapitalmärkten, verbunden mit Verarmungsprozessen breiter Bevölkerungsgruppen in Entwicklungs- und Transformationsländern kommt es zu einer strukturellen Entgrenzung, einer faktischen Abkopplung des Südens.

„[…] Die Tendenzen der Fragmentierung ihrerseits bewirken eine Auflösung der Einheit des Weltsystems, nämlich die Abkopplung von Ländern und Regionen, von Klassen und Bevölkerungsgruppen, deren *Marginalisierung* und *Exklusion*.“
(Altvater; Mahnkopf 1999: 155f.)

Dem fragmentierten, abgekoppelten „Neuen Süden“ bieten sich laut Scholz momentan nicht viele Entwicklungsmöglichkeiten. Er kann als Absatzmarkt für Gebrauchtwagen aller Art und von industriellen Billigerzeugnissen dienen, gelegentlich von Almosen und Katastrophen- oder Aufbauhilfe profitieren. In Niger und Benin machen solche Gebrauchtwaren bereits über 74 % der Importe aus, bei Gebrauchtwagen gar über 90 % (Scholz 2000: 6). Auch dürfte sie wiederholt Ziel militärischer Befriedungsaktionen oder von Terrorpräventionen sein. Vereinzelt mag sie als abrufbarer Lieferant mineralischer und agrarer Rohstoffe oder menschlichen Organen dienen. Widerkehrend mag sie sogar als Quelle für IT- Spezialisten, Hochleistungssportler, exotische Frauen, Mägde, Novizen und seltene Haustiere sowie als touristisches Tummelfeld fungieren. Und aus humanitären, politischen oder diplomatischen Erwägungen wird auch noch oder immer wieder technische und finanzielle Entwicklungshilfe geleistet und werden Massnahmen der Grundbedürfnisbefriedigung Anwendung finden. Er wird sich an seinen internen Widersprüchen aufreiben, an Armut und Rückständigkeit leiden, sicherlich aber auch vielfältige Strategien zum Überleben entwickeln. Dabei ist an eine Revitalisierung von Subsistenzwirtschaft, indigenem Wissen und lokalen Produktionsweisen, an Tauschringe, an zivilgesellschaftliche, nachbarschaftliche Netzwerke, an informelle Institutionen und an den Dritten Sektor zu denken. (Scholz, F. 2002b: 8)

X. BIBLIOGRAPHIE:

1 Adar, K./ Ajulu, R. (2002): Globalization and Emerging Trends in African States` Foreign policy-Making Process. Hampshire

2 Aderinwale, A. (2000): Afrika und der Globalisierungsprozess. In: Tetzlaff, R. (Hg.): Weltkulturen unter Globalisierungsdruck. Bonn. S.232-259

3 Aguiton, Christophe (2002): Was bewegt die Kritiker der Globalisierung? Von Attac zu Via Campesina. Neuer ISP Verlag GmbH. Köln

4 Akinyemi, R. (1999): Globalisierung, Menschenrechte und Demokratie in Afrika. In: Parnreiter, C./ Novy, A./ Fischer, K.: Globalisierung und Peripherie- Umstrukturierungen in Lateinamerika, Afrika und Asien. Frankfurt a. M.; S.169-188

5 Alobo, David (2002): Afrika im Zeitalter der Globalisierung. Waxmann Verlag GmbH, Münster

6 Altenburg, T. (1999): Industrialisierung in Entwicklungsländern. In: Parnreiter, C./ Novy, A./ Fischer, K.: Globalisierung und Peripherie- Umstrukturierungen in Lateinamerika, Afrika und Asien. Frankfurt a. M. S.75-94

7 Altvater, Elmar; Mahnkopf, Birgit (1999): Grenzen der Globalisierung. Ökonomie, Ökologie und Politik in der Weltgesellschaft. 4. Aufl.; Verlag Westfälisches Dampfboot, Münster

8 Altvater, E./ Mahnkopf, B.(2002): Globalisierung der Unsicherheit. Münster

9 Antweiler, Christoph (1999): Immanuel Wallerstein (1930-). Alle Entwicklung ist eingebettet im kapitalistischen Welt- System. In: E+Z Jg. 40, 1999; S. 253- 255

10 Beck, Ulrich (1997): Was ist Globalisierung? Irrtümer des Globalismus, Antworten auf Globalisierung. Suhrkamp Verlag; Edition Zweite Moderne; Frankfurt a. M.

11 Berner, E.; Korff, H.- R. 1995: Globalization and Local Resistance. International Journal of Urban and Regional Research 18 (1995), H. 2, S. 208- 222

12 Bonder, M.; Röttger, D.; Ziebura, G. (1993): Vereinheitlichung und Fraktionierung in der Weltgesellschaft. Kritik des globalen Institutionalismus. PROKLA. Zeitschrift für kritische Sozialwissenschaft, 23, S. 327- 341.

13 Castells, Manuel 1997: The Power of Identity. The Information Age: Economy, Society and Culture, Vol. II., Malden, Oxford

14 Cohen, Daniel (1998): Fehldiagnose Globalisierung. Die Neuverteilung des Wohlstands nach der dritten industriellen Revolution. Campus Verlag Frankfurt a. M./ New York

15 Dia, Mamadou (1999): Afrikas institutionelle Schwäche. In: E+Z Jg. 40. 1999:9; S. 249. Aus: Mamadou Dia: Africa's Management in the 1990s and Beyond. Reconciling Indigenous and Transplanted Institutions. Washington, World Bank 1996, p. 28, 36f., 39, 43.

16 Dicken, Peter (1999): Global Shift. Transforming the World Economy. Paul Chapman Publishing Ltd. London. 3rd ed.

17 Dittrich, Christoph (1998): Stadt der zwei Geschwindigkeiten. Glanz und Elend der indischen Software- Metropole Bangalore. In: blätter des iz3w, 229, S. 15- 17

18 Eckel, Carsten (2001): Verteilungswirkungen der Globalisierung. Deutscher Universitäts- Verlag. Wiesbaden

19 Feldbauer, P.; Husa, K.; Pilz, E.; Stacher, I. (Hrsg.) (1997): Mega Cities. Die Metropolen des Südens zwischen Globalisierung und Fragmentierung. HSK 12 Brandes& Apsel/ Südwind Frankfurt a. M.; S. 9- 20

20 Feldbauer, Peter; Hardach, Gerd; Melinz, Gerhard (Hrsg.) (1999): Von der Weltwirtschaftskrise zur Globalisierungskrise (1929- 1999). Wohin treibt die Peripherie? HSK 15 Internationale Entwicklung Brandes & Apsel Verlag Frankfurt a. M.
21 Fornet- Betancourt, Raúl (Hrsg.) (1998): Armut im Spannungsfeld zwischen Globalisierung und dem Recht auf eigene Kultur. Denktraditionen im Dialog: Studien zur Befreiung und Interkulturalität Band 2. IKO – Verlag für interkulturelle Kommunikation; Frankfurt a. M.
22 Fricke, Dietmar (2000): Globalisierung und Bürgerkriege. Eine theoriegeleitete Analyse von Globalisierungsprozessen und ihrem Verhältnis zu regionalen Konflikten. Verlag Dr. Köster Berlin
23 Friedman, T. (1999): Globalisierung verstehen. New York
24 Galtung, Johan (1998): Die andere Globalisierung. Perspektiven für eine zivilisierte Weltgesellschaft im 21. Jahrhundert. (Agenda Frieden; 28) Agenda Verlag Münster
25 Gruppe von Lissabon (1997): Grenzen des Wettbewerbs. Die Globalisierung der Wirtschaft und die Zukunft der Menschheit. Bundeszentrale für politische Bildung. Luchterhand Literaturverlag GmbH, München
26 Hahn, Hans Peter; Spittler, Gerd (Hrsg.) (1999): Afrika und die Globalisierung. Schriften der VAD Bd. 18. LIT Verlag Hamburg
27 Harris, R./ Seid, M.(2000): Critical Perspectives on Globalization and Neoliberalism in the Developing Countries. Leiden
28 Hein, W. 1995: Von der fordistischen zur post- fordistischen Weltwirtschaft. In: PERIPHERIE, 15. Jg., 59/60, S. 45- 78
29 Hey, Christian; Schleicher- Tappeser, Ruggero (1998): Nachhaltigkeit trotz Globalisierung. Handlungsspielräume auf regionaler, nationaler und europäischer Ebene. (Enquete- Kommission „Schutz des Menschen und der Umwelt“ des 13. Deutschen Bundestages (Hrsg.)) Springer Verlag Berlin- Heidelberg
30 Hobuß, Steffi u. a. (Hrsg.) (2001): Die andere Hälfte der Globalisierung. Menschenrechte, Ökonomie und Medialität aus feministischer Sicht. Campus Verlag Frankfurt a. M./ New York
31 Höffe, Otfried (1999): Demokratie im Zeitalter der Globalisierung. Beck’sche Reihe. Verlag C. H. Beck München
32 Internationales Forum für Gestaltung Ulm (Hrsg.) (1997): Globalisierung/ Regionalisierung. Ein kritisches Potential zwischen zwei Polen. Anabas Verlag; 1997
33 Korff, Heinz- Rüdiger (1996): Globalisierung und Megastadt. Ein Phänomen aus soziologischer Perspektive. In: GR 48 (1996) H.2; S. 120- 123
34 Kreisel, Werner; Melzer, Stefan (2001): Städte des Weltmarktes oder Leitzentralen des globalen Wirtschaftssystems. In: Praxis Geographie 5/2001; S. 35- 37
35 Kreutzmann, Hermann; Reuber, Paul (2002): „Kulturerdteile“ im Wandel? Politische Konflikte und der „Kampf der Kulturen“. In: Ehlers, Eckart; Leser, Hartmut (Hrsg.): Geographie heute – für die Welt von morgen. Klett Perthes Verlag Gotha; S. 139- 146
36 Langthaler, Herbert (1997): Globalisierung der Konzernstrategien und Informalisierung. Das Beispiel der Textilindustrie. In: Komlosy, A.; Parnreiter, C.; Stacher, I.; Zimmermann, S. (Hrsg): Ungerecht und unterbezahlt. Der informelle Sektor in der Weltwirtschaft. HSK 11; Brandes& Apsel/ Südwind Frankfurt a. M.; 1997. S. 221- 234
37 Lefèbvre, Henri 1991 (franz. Orig. 1974): The Production of Space, Oxford/ Cambridge
38 Lefèbvre, Henri 1972: Die Revolution der Städte, Frankfurt a. M., S. 43f.
39 Loch, Dietmar; Heitmeyer, Wilhelm (Hrsg.) (2001): Schattenseiten der Globalisierung. Suhrkamp Verlag Frankfurt a. M.

40 Mander, Jerry; Goldsmith, Edward (Hrsg.) (2002): Schwarzbuch der Globalisierung. Riemann Verlag. München
41 Martin, Hans- Peter; Schumann, Harald (1997): Die Globalisierungsfalle. Der Angriff auf Demokratie und Wohlstand. Rowohlt Verlag GmbH
42 Menzel, Ulrich (1998): Globalisierung versus Fragmentierung. Suhrkamp Verlag
43 Frankfurt a. M.
44 Narr, Wolf- Dieter; Schubert, Alexander (1994): Weltökonomie. Die Misere der Politik. Suhrkamp Verlag; Frankfurt a. M.
45 Nassehi, Armin (2000): Globalisierung. Probleme eines Begriffs. In: Geographische Zeitschrift, 88. Jg. 2000. Heft 1; S. 21- 33
46 Ostertag, Matthias P. (2000): Globalisierung unter Aspekten der Wirtschaftsgeographie. (= Nürnberger Wirtschafts- und Sozialgeographische Arbeiten Bd. 55) Selbstverlag des Wirtschafts- und Sozialgeographischen Instituts der Friedrich- Alexander- Universität Erlangen- Nürnberg
47 Parnreiter, Christof (1997): Die Renaissance der Ungesichertheit: Über die Ausweitung informeller Beziehungen zwischen Kapital und Arbeit im Zeitalter der Globalisierung. In: Komlosy, A.; Parnreiter, C.; Stacher, I.; Zimmermann, S. (Hrsg.): Ungerecht und unterbezahlt. Der informelle Sektor in der Weltwirtschaft. HSK 11; Brandes & Apsel/ Südwind; Frankfurt a. M.; 1997. S. 203- 220
48 Parnreiter, Christof; Novy, Andreas; Fischer, Karin (Hrsg.) (1999): Globalisierung und Peripherie. Umstrukturierung in Lateinamerika, Afrika und Asien. HSK 14 Brandes & Apsel/ Südwind, Frankfurt a. M.
49 Pearson, Lester B. u. a. (1969): Partners in Development: Report of the Commission on International Development. Praeger; New York
50 Pflüger, Michael (2002): Konfliktfeld Globalisierung. Verteilungs- und Umweltprobleme der weltwirtschaftlichen Integration. Physica- Verlag Heidelberg
51 Plate, Bernhard von: Grundelemente der Globalisierung. In: Informationen zur politischen Bildung, Nr. 263, 2. Quartal 1999
52 Raffer, Kunibert (1994): ‚Structural Adjustment', Liberalisation, and Poverty. In: Journal für Entwicklungspolitik X/4: 431- 441
53 Richter, Emanuel (1992): Der Zerfall der Welteinheit. Vernunft und Globalisierung in der Moderne. Campus Verlag Frankfurt a. M./ New York
54 Rodrik, Dani (2000): Grenzen der Globalisierung. Ökonomische Integration und soziale Desintegration. Campus Verlag Frankfurt a. M./ New York
55 Sandner, Gerhard; Steger, Hanns- Albert (Hrsg.): Lateinamerika. Fischer Länderkunde Bd. 7
56 Sassen, Saskia (1991): The Global City. New York London Princeton
57 Sassen, Saskia (1993): Die informelle Ökonomie von New York. In: R. W. Ernst, R. Borst, S. Krätke und G. Nest (Hrsg.); Arbeiten und Wohnen in städtischen Quartieren. Basel, Boston, Berlin, S. 297
58 Sassen, Saskia (1995): Losing Control? Sovereignity in an age of Globalization. Columbia University Press; New York
59 Sassen, Saskia (1996): Metropolen des Weltmarktes. Die neue Rolle der Global Cities. Campus Verlag Frankfurt/ New York
60 Sassen, Saskia (1998): Globalization and Its Discontents. The New Press New York
61 Sassen, Saskia (2001): Global City. Einführung in ein Konzept und seine Geschichte. In: PERIPHERIE Nr. 81/ 82; Jg. 2001; S. 10- 31
62 Schäfer, Hans- Bernd (Hrsg.) (1996): Die Entwicklungsländer im Zeitalter der Globalisierung. Schriften des Vereins für Socialpolitik Band 245. Duncker & Humblot GmbH; Berlin

63 Scherer, Andreas Georg; Blickle, Karl- Hermann; Dietzfelbringer, Daniel; Hütter, Gerhard (Hrsg.) (2002): Globalisierung und Sozialstandards. Dnwe (Deutsches Netzwerk Wirtschafts- Ethik) schriftenreihe folge 9. Rainer Hampp Verlag München u. Mering
64 Scholz, Fred (1985): Entwicklungsländer. Beiträge der Geographie zur Entwicklungs-Forschung. Wege der Forschung Bd. 553. Wissenschaftliche Buchgesellschaft Darmstadt
65 Scholz, Fred (2000): Perspektiven des „Südens" im Zeitalter der Globalisierung. In: Geographische Zeitschrift, 88. Jg. 2000. Heft 1; S. 1- 20.
66 Scholz, Fred (2002a): Globalisierung und Fragmentierung. Eine Welt in „Bruchstücken". In: Ehlers, Eckart; Leser, Hartmut (Hrsg.): Geographie heute – für die Welt von morgen. Klett Perthes Verlag. 1. Aufl. Gotha; 2002. S. 121- 127
67 Scholz, Fred (2002b): Die Theorie der „fragmentierenden Entwicklung". In: Geographische Rundschau 54 (2002) Heft 10, S. 6- 11
68 Schubert, Alexander (1997): Informeller Sektor oder informelle Gesellschaft? Zur Informalität in Lateinamerika. In: Komlosy, A.; Parnreiter, C.; Stacher, I.; Zimmermann, S. (Hrsg.): Ungerecht und unterbezahlt. Der informelle Sektor in der Weltwirtschaft. HSK 11 Brandes & Apsel/ Südwind Frankfurt a. M. 1997; S. 169- 182
69 Schuurman, F.: Globalization and Development Studies. 2001. London/ New Delhi
70 Scott, A. J.: From the Division of Labor to Urban Form. Berkeley 1998
71 Soros, George (2000): Die Krise des globalen Kapitalismus. Offene Gesellschaft in Gefahr. Fischer Taschenbuch Verlag GmbH, Frankfurt a. M.
72 Stacher, Irene (1997): Afrika südlich der Sahara: Erzwungene Abkopplung und Informalisierung. In: Komlosy, A.; Parnreiter, C.; Stacher, I.; Zimmermann, S.: Ungerecht und unterbezahlt. Der informelle Sektor in der Weltwirtschaft. HSK 11 Brandes & Apsel/ Südwind Frankfurt a. M.; 1997. S. 149- 168
73 Steger, U. (Hrsg.) (1999): Facetten der Globalisierung. Ökonomische, soziale und politische Aspekte. Springer- Verlag Berlin Heidelberg New York
74 Sternberg, Rolf; Diez, Javier Revilla (2002): Globalisierung und Regionalisierung – Neues Wissen entscheidet über die ökonomische Zukunft von Ländern und Regionen. In: Ehlers, Eckart; Leser, Hartmut (Hrsg.): Geographie heute – für die Welt von morgen. Klett Perthes Verlag. 1. Aufl. Gotha; 2002. S. 128- 138
75 Stötzel, Regina (Hrsg.) (1998): Ungleichheit als Projekt. Globalisierung- Standort Neoliberalismus. Forum Wissenschaft, Studien 43. BdWi- Verlag Marburg
76 Taake, Hans- Helmut: Globalisierung: Eine oder keine Chance für die Entwicklungsländer? In: www.bpb.de
77 Tetzlaff, Rainer (1996): Die Konsequenzen der Globalisierung für Afrika. In: NORD – SÜD aktuell. 3. Quartal 1996; S. 544- 552
78 Tetzlaff, R. (Hg.) (2000): Weltkulturen unter Globalisierungsdruck. Bonn
79 UNCTAD (1996): Globalization and Lioberalization: Effects of international economic relations on poverty. New York/ Geneva
80 UNDP (United Nations Development Report) (1996): Bericht über die menschliche Entwicklung 1996. Deutsche Gesellschaft für die Vereinten Nationen; Bonn
81 Unmüßig, Barbara; Walther, Miriam (1999): Strukturanpassung in Afrika. Warten auf den Post- Washington Consensus. In: E+Z Jg. 40. 1999:9; S. 247- 250
82 Van Naerssen, Ton (2001): *Global Cities* in der Dritten Welt. In: PERIPHERIE Nr. 81/ 82, Jg. 2001; S. 32- 52
83 Vossen, Joachim: Die Stadt im Zeitalter der Globalisierung. Die Welt- ein urbaner Raum? In: Praxis Geographie 5/2001; S. 4- 7

84 Wahl, P.: Die Verlierer der Globalisierung. In: E+Z - Jg. 38. 1997:4. S. 108-110
85 WEED (World Economy Ecology Development) (1997): Schuldenreport '97. Bonn
86 Wiemann, J.: Afrika im Zeitalter der Globalisierung: Marginalisierung oder neue Chancen?(www.bpb.de/veranstaltungen/B2ZM0C,0,0,Afrika_im_Zeitalter_der_Globalisierung .html)
87 Wissen, Markus (2001): *Global Cities*, urbane Regime und Regulation. Zur Debatte über städtische Transformationsprozesse. In: PERIPHERIE Nr. 81/ 82, Jg. 2001; S. 76- 94
88 Worldbank (2000): World Development Report 1999. Washington D. C.

Internet: (vom 7. 12. 2002)

- www.bpb.de/veranstaltungen/B2ZM0C,0,0,Afrika_im_Zeitalter_der_Globalisierung.html